公主怨鸟
来看心理医生

——魔法森林里的心灵奇旅

廖峻澜————著

四川大学出版社
SICHUAN UNIVERSITY PRESS

特邀策划：朱　鹰
项目策划：张　晶　王　玮
责任编辑：张　晶
责任校对：张伊伊
封面设计：墨创文化
责任印制：王　炜

图书在版编目（CIP）数据

公主怨鸟来看心理医生：魔法森林里的心灵奇旅 / 廖峻澜著. —成都：四川大学出版社，2021.8
ISBN 978-7-5690-4921-3

Ⅰ.①公… Ⅱ.①廖… Ⅲ.①心理学－通俗读物 Ⅳ.① B84-49

中国版本图书馆 CIP 数据核字（2021）第 169403 号

书名	公主怨鸟来看心理医生——魔法森林里的心灵奇旅
	Gongzhuyuan Niao Laikan Xinli Yisheng——Mofa Senlin li de Xinling Qilü
著　者	廖峻澜
出　版	四川大学出版社
地　址	成都市一环路南一段 24 号（610065）
发　行	四川大学出版社
书　号	ISBN 978-7-5690-4921-3
印前制作	成都完美科技有限责任公司
印　刷	四川盛图彩色印刷有限公司
成品尺寸	148 mm×210 mm
印　张	8.5
字　数	221 千字
版　次	2022 年 1 月第 1 版
印　次	2022 年 1 月第 1 次印刷
定　价	48.00 元

版权所有 ◆ 侵权必究

◆ 读者邮购本书，请与本社发行科联系。
　电话：(028)85408408/(028)85401670/
　(028)86408023　邮政编码：610065
◆ 本社图书如有印装质量问题，请寄回出版社调换。
◆ 网址：http://press.scu.edu.cn

四川大学出版社
微信公众号

写在前面的话

这是一个揭开当代都市"隐秘角落"的故事。

我是一名心理咨询师,"隐秘角落"就在我的工作室,工作室在成都一栋毫不起眼的楼房里。

十多年来,许许多多无声无息地藏匿于人群中的来访者,因患上严重的抑郁症,从全国各地找来,悄然走入我的工作室,经历了一场又一场惊心动魄的"心灵奇旅",接受了一番又一番痛彻心扉的"心理治疗"。现在,他们大多已经痊愈,又重新藏匿于人群,成为家人、同事、朋友眼中平凡而快乐的普通人,整个家庭也因来访者的"重获新生"而离苦得乐,重享天伦。

本书的故事素材全部取自这些来访者的真实经历,治疗细节也取自我在心理咨询工作中的真实体验,所有戏剧化和不可思议的场景都在我的心理咨询室里上演过很多遍。

感谢我所有的来访者,感谢你们的信心、坚韧和勇气!

感谢我的恩师们!感谢恩师们的教诲和指引!

感谢我的家人!感谢家人的支持和鼓励!

感谢翻开扉页的你!

阅读时请时时牢记:

公主怨鸟就住在你心里，心理医生伏丽西也住在你心里！

你将跟着她们哭，跟着她们笑，跟着她们踏入这片"只进不出"的魔法森林，在里面经历一场场"发现自我"的心灵奇旅。我保证，这将是你一生中独一无二的阅读体验！

2021 年 6 月

心理治疗与文学表达通俗化的完美统一

朱 鹰

作为出版人，这些年，我特别关注心理类和科普类新书的出版，一旦看到那些有创意的独特作品，就由衷地要点赞一番。廖峻澜博士的这本新书《公主怨鸟来看心理医生——魔法森林里的心灵奇旅》就是这样的作品，我不仅要点赞，还要强力推荐。

作为学医出身，也短期从事过心理治疗的"半专业人士"，我欣喜地发现廖峻澜博士的新作是一本对抑郁症患者有一定帮助的书。作者以小说的表达方式让读者自然而然地走进她设定的世界里，让不良情绪慢慢得到疏导，仿佛自然步入一个敞亮的时空中，通过对世界观与认识观的"按摩"与梳理，让有抑郁倾向的人，或者是已经有点抑郁的人得到有效的帮助。

作为一个小说文本，廖女士的文笔细腻，白描的写法尤其让我喜欢。从故事框架和情节细节可看出她多年来心理咨询实践的多样性，而丰富的想象力则透露出她深厚的文学功底。

值得我们注意的是，抑郁症并非很多人理解的仅仅是"情绪问题"，而是实实在在的临床疾病。而对抑郁症的治疗也不是随便与谁聊聊天或一个"有经验的长者"开导开导就能解决问题的，必须由专业的人士用专业的方法来解决，这是一个科学问题。可惜我在这方面接受的教育和知识还远远不够。这也是我看好廖峻澜博士这本书的一个重要原因，她把自己的专业背景和心理治疗实践与文学表达的通俗化结合得很好。为了自己和家人的身心健康，成年人可以自己潜心阅读，家长可以和孩子共同阅读，无论是否有抑郁倾向或抑郁症，这也符合廖峻澜女士治疗"未病"的理念。

所以，作为一个出版人和曾经的医生，以及自认为有点抑郁倾向的人，我强烈推荐这本书。这是一本具有文学性和心理疗愈双重效果的书。对于那些有抑郁倾向的孩子的家庭，这是一本家长应该引导孩子认真且慢慢读一读的好书。

（出版人，注册执业医师，《生命的重建》策划者，《富爸爸穷爸爸》《谁动了我的奶酪》主要策划人之一）

在童话叙事中治"未病",获成长

赵小明

据世卫组织统计,全球约有3.5亿名抑郁症患者。抑郁症,正在成为仅次于癌症的危害人类身心健康的第二大杀手。"抑郁症"一词并不陌生,但是,抑郁症到底是一种怎样的疾病、发病原理如何、如何预防和治疗等问题,社会上大多数人对这些问题仍然无知并持有诸多偏见。

抑郁症是一种给人身心造成巨大伤害的慢性疾病,它没有明显的身体外在表征,更多的是隐蔽的情绪、心理和认知的变化,深受抑郁症折磨的患者能深感其痛,却很难对外言说,只觉得生活无意义、无希望,自我价值感低,兴趣动力缺乏,被深深的无能和无力感困扰,日日像行走在漆黑的"隧道"里。

身体疾病如果得不到恰当的治疗会发展成痼疾绝症,同理,抑郁情绪如果得不到及时疏导,也会如滚雪球般日积月累,最终给患者带来巨大的身心伤害,甚至导致过激的行为。抑郁症是一种慢性疾病,绝不是一朝一夕形成的,它的发生发展都有规律可循。在抑郁症出现前,如果我们有意识地学习相关心理学知识,主动疏导日常的负面情绪,可让身心保持健康;在轻微抑郁情绪出现时,如果能读到一本好书,主动寻求社会的帮助,寻求专业人士的指导,以治"未病"的理念入手,可避免抑郁情绪暗暗升级为抑郁症,在大病来临之前获得免疫力,有效避免身心受到重创。

《公主怨鸟来看心理医生——魔法森林里的心灵奇旅》就是一本讲抑郁症如何发生发展、如何预防治疗,抑郁症患者如何在心理咨询师的帮助下获得自愈、重获新生的图书。

本书作者廖峻澜女士是一名从业十三年的心理咨询师,咨询和治疗过数以千计的抑郁症患者。为了保护来访者的隐私,也为了让大众直观透彻地了解抑郁症的发病规律、心理咨询与治疗过程,作者采用了原始古老的童话方式来叙事,从法国著名童话里选取两个主要人物——仙女伏丽西和公主怨鸟,借用她们的身世标签、性格特点虚构了一个发生在魔法森林里的奇幻故事:为丈夫讨薪的灰兔小姐偶遇为棕熊义务送信的小女孩阿芙琳,结果两人误闯号称"只进不出"的魔法森林,又邂逅濒临轻生绝境的公主怨鸟。这一年,饥荒和瘟疫在魔法森林里肆虐,森林居民被"深蓝色病毒"所扰,患上疑似抑郁症的怪病……不得不佩服作者丰富而奇特的想象力,将心理咨询的过程写成一个险象环生、悬念迭起的魔幻故事,紧张处扣人心弦,动人处催人泪下,亦庄亦谐。本书围绕抑郁症这一问题展开了针对家庭教育、学校环境、心理咨询、人性等话题的深入思考,紧扣心理医生伏丽西和抑郁症患者公主怨鸟这两位主角医者与被医者的关系发展,把心理咨询与治疗的过程摆在读者面前。

值得称道的是,本书文风机智幽默,文笔相当优美,故事引人入胜,心理描写细致入微,将严肃的心理治疗理论与奇幻的童话故事相结合,将作者从业中真实的抑郁症自杀危机干预案例与童话人物的生平、性格特色相结合,形成一种严肃与童趣相映、沉重与诙谐相佐、深奥与通俗互衬的独特叙事风格。

相信本书能让各个阅读层级的读者各取所需，依照自己的喜好，从本书中萃取不同类别的滋养：奇幻而精彩的故事、严肃的心理学知识、成长经历追溯、如何理解和释放负面情绪、如何预防抑郁症、心理咨询的设置和流程，以及抑郁症的心理咨询经过等。无论你是小学生还是大学生，上班族还是家庭主妇，心理学爱好者抑或心理咨询师，阅读本书，都能获取积极正向的阅读体验，获得相应的心灵成长。

书籍是人类最原始的获取知识的方式，以书为友，以书为师。阅读一本好书，便如结识一位良师益友。本书便是这样一本好书。

（著名心理学家，本土音乐治疗创始人）

"林中空地"之森林之光

赵 刚

继《城市的心灵——心理咨询师札记》之后,廖峻澜女士又心生奇思妙想,创作了这部神奇魔幻的心理悬疑小说《公主怨鸟来看心理医生——魔法森林里的心灵奇旅》。

对于一般读者而言,要涉足心理分析领域的书籍,大多会感到有些费神,即使里面充满着窥探他人心理疾患的好奇,反观自身内心世界的心跳。本书却另辟蹊径,提供了一种故事化的别样视角与格调。

本书既是一部引人入胜的魔幻小说,又是一个心理分析的通俗文本。作者在书中构建了一座远古神话般的具有象征含义的魔法森林,令人向往又难免心生畏惧。在心理医生看来,那里充斥着给人们带来心理障碍的各种妖魔鬼怪、怪力乱神和深不见底的心理黑洞,稍有不慎,便会万劫不复。好在,深渊的尽头,那来自心识原型的觉性力量却从未泯灭,依然普照大千世界,给人温暖与欢喜。正如海德格尔所说的那片"林中空地",森林之光总是在敞开和遮蔽的交替中若隐若现。

这些意象表达,作者并没有刻意将其和盘托出,而是采用隐喻善巧及情节留白,让读者自己去心领神会。

同样值得一提的是，较强的场景意识、动人的叙事情节、跌宕起伏的悬念、功能鲜明的角色塑造，加之直指人性的一些心理剖析，都是本书的亮点。

本书将文学想象与心理疗愈有机结合，是一部不可多得的、极具阅读快感的佳作。

(中国著名纪录片导演，德国莱比锡国际纪录片电影节大奖获得者)

内守自觉自知　尽享自如自在

卓　杰

当下是一个物质文明迅猛发展的时代，日新月异的科技成果提升了我们的生活水平，同时高速发展带来的超常压力，也极大地威胁着人们的身心健康。虽然，人们的身体健康，随着医疗体系的完善越来越有保障；但是，人们的心理健康问题，却远远未得到足够的重视。

忙于追求外在物质幸福的人们，往往忽略自己内在的心理健康。即便有些人已察觉到自己心理出现了状况，但他们中的大多数却羞于承认和面对。其实，我们要明白，幸福与快乐都只是我们内心的感受，而感受只取决于自身的观念。

在这个世上，我们每个人或多或少都存在心理上的缺憾。倘若大家都能内守一份自觉自知，心不乱于外，大可于纷繁的物质文明中自如自在、尽享其乐。然而，人心却是最容易被撩拨而迁变不安的。也正因如此，即使我们的物质生活水平日渐提升，现代人的幸福指数却并没有与之同步，各年龄层的心理疾患也在逐年增加。

俗语说，"性格决定命运，心情决定幸福"。社会的美好有赖于人人都有美好的心情，美好的心情取决于人人都心理健康。

正确地解决心理问题迫在眉睫！

我们的社会需要大量训练有素的专业的心理健康从业者，尤其需要像廖峻澜博士这样既有中华传统文化底蕴又充满正能量的优秀心理学家的引领。因为解决心理问题，不单单是依靠心理学的技巧与方法，它更包含对人性深深的洞察与体悟，对他人的温情与体贴。所以，我们衷心希望，社会上涌现出更多像廖峻澜博士这样优秀的心理学家。相信随着社会对心理健康的重视，人们将更加喜乐、健康，我们的世界也会更加美好！

（身心灵导师）

目 录

第一章　魔法森林的不速之客 / 1

1. 灰兔夫人 / 1
2. 女孩阿芙琳 / 3
3. 误入险境 / 4
4. 空心树的秘密 / 6

第二章　心理医生伏丽西 / 9

1. 可怕的深蓝色病毒 / 10
2. 心理医生的梦 / 12
3. 敲门 / 14
4. 考拉小姐 / 17
5. 我不能帮你 / 18
6. 她一定会来 / 21

第三章　初　见 / 24

1. 预知梦 / 25
2. 沉默 / 27
3. 残酷的世界 / 28
4. 100 魔币 / 30
5. 共情 / 32
6. 同盟 / 34

第四章　信　任 / 38

1. 垃圾？/ 40
2. 偷溜 / 42
3. 裂缝 / 44
4. 珍惜 / 47
5. 矛盾心理 / 49
6. 找寻松果 / 51
7. 心桥 / 54

第五章　观　心 / 57

1. 种子 / 58
2. 面对 / 59
3. 那个夏天，一切都变了 / 61
4. 爆发的活火山 / 63
5. 地幔与地核 / 68
6. 我终于说出来了 / 70
7. 天之骄女 / 72
8. 再遇莫兹女妖 / 75
9. 从"月亮公主"到"公主怨鸟" / 77
10. 不甘 / 79

第六章　启　程 / 84

1. 世界好小 / 84
2. 不准抛锚的旅程 / 86
3. 改变 / 89
4. 成长拼图 / 91
5. 破除执念 / 94
6. 新的意义 / 96

第七章　探　索 / 99
1. 担心 / 100
2. 变化 / 102
3. 谁不喜欢你？/ 103
4. 一棵小树 / 108
5. 生长 / 110
6. 摸头 / 114

第八章　病　毒 / 116
1. 争论 / 117
2. 原则 / 120
3. 朋友 / 122
4. 你是一个独特的人 / 126

第九章　父　母 / 130
1. 咫尺天涯 / 131
2. 家庭规则 / 133
3. 一念"新我" / 136
4. 真相 / 138

第十章　猎　人 / 142
1. 赤身裸体 / 143
2. 遮掩 / 145
3. 内化 / 147
4. 女妖惊现身 / 148
5. 遗忘 / 150
6. 回到黑屋 / 153
7. 愤怒 / 154
8. 恶魔 / 158

第十一章　魔　法 / 163

1. 变身 / 164
2. 怪梦 / 166
3. 躲在暗处的孩子 / 169
4. 躲进黑羽衣 / 171
5. 魔法解除 / 174

第十二章　缘　起 / 177

1. 渴望 / 178
2. 多棱镜 / 182
3. 小树 / 186
4. 小小 / 187
5. 阿芙琳 / 188
6. 莫兹女妖 / 189
7. 小精灵 / 190
8. 恶魔 / 192
9. 阿怪 / 193
10. 谁在紧张? / 194
11. 呼唤小精灵 / 196

第十三章　和　解 / 200

1. 消失的好友 / 201
2. 战斗 / 204
3. 残酷的真相 / 208
4. 选择权 / 211

第十四章　森林小学 / 215

1. 打败女妖 / 216
2. 横穿荒漠 / 218
3. 巨蟒 / 222
4. 阿怪，别了！/ 226
5. 初夏的荷 / 229
6. 试验 / 231
7. 新访客 / 234

第十五章　尾　声 / 237

1. 心理医生伏丽西 / 237
2. 阿芙琳 / 241
3. 《魔法森林之歌》/ 246

后　记 / 250

第一章
魔法森林的不速之客

> 古人说,上帝要让谁倒霉,先把他踢翻在地,再踏上一只脚!

冬天的早晨格外寂静。

暴雪下了一夜,冰冷的白色裹住沧桑的老树,冰冷的味道牢固得像远处的千年城堡,冰冷的声音孤独得像囚于地窖的小兽,低声嘶吼着。

1. 灰兔夫人

"咔嚓"一声,一株冻僵的藤萝被拧断了脖子。接着,又是一声"咔嚓",一只穿蓝绿格子裙的灰兔撞断了两截冰溜子,耳朵上挂着星星点点的残雪,跌跌撞撞,连滚带爬,奔向黑森林大门。

这片人迹罕至的黑森林住着世界上最奇异的动物、最美丽的仙女、最邪恶的女妖、最善良的精灵——却是一片被魔法诅咒的黑森林。全世界都对魔法森林略有耳闻,却从未有人踏入森林大门。

灰兔夫人昨晚又和白兔先生吵架了。白兔先生是湖泊中学的厨师,这场恶劣的暴风雪让学校关门整整一个月,白兔先生又一次被拖欠了薪水。这个家里家外都忍气吞声的老好人,怕得罪狐狸校长,不敢登门讨薪,却得罪了灰兔夫人的肚子。这些天,就算白兔先生的耳朵被拧成两股天津小麻花,他还是宁肯吃窝边草也不敢闯校长的厅堂。绝望的灰兔夫人决定亲自出马,让狐狸校长尝尝"灰兔三爪功"的厉害,谁叫他专逮老实人欺负呢?今天起了个大早,灰兔夫人扛着一包干粮,瞪了一眼躲在被窝里嚼胡萝卜根儿的白兔先生,毅然决然出了家门。

祸不单行,路上竟撞见一个穿皮衣扛猎枪的男人。

"猎人来了!快跑!"

灰兔夫人边跑边叫。逃跑路上,她幻想白兔先生正跟在她身后颠来颠去,这家伙,跑又跑不快,跳又跳不高,遇到猎人铁定被抓去烧烤了。灰兔夫人的叫声尖厉刺耳,吓得守门的那两棵老榕树赶紧垂下树冠,拦住魔法森林的大门。

"树先生,别……"

灰兔夫人还没说完,一团混杂鸟粪疙瘩的积雪从天而降,盖住了她的身体。积雪从左边树冠落下,堆成一座小"山","山"尖上,半截毛茸茸的耳朵在风中扑腾。此时,灰兔夫人才意识到,白兔先生并没有跟来,同时,她也意识到,自己内心深处还很惦念这个懦弱的丈夫。

但是,一切都晚了,灰兔夫人被冰碴子冻住了眼皮,一串热泪涌上来,她使劲睁开眼睛,眼前一片漆黑。

2. 女孩阿芙琳

"好孩子,这一路可远了,郊区的积雪又厚,你吃点蜂蜜土豆饼再回去吧。"

大熊熊婆婆边说话,边在厨房东翻西找,终于,找出一些薄饼。小熊熊弟弟站不太稳,扯着外婆的围裙角"吧嗒吧嗒"掉口水,还"咿咿呀呀"叫个不停。

阿芙琳[①]的肚子早就"咕咕"发出抗议了,她瞅瞅躺在床上害脓疮的大熊熊爷爷,咽了咽口水,说:

"婆婆,我不饿,路上我可以吃野蘑菇,今天就是来给您送信的,我该走了。"

正午时分,阿芙琳婉拒了大熊熊一家的午餐邀请,挎着小竹筐往家走。

湖泊小镇的居民,一代又一代,都是这样,温暖,友善。

今年冬天格外寒冷,加之暴风雪肆虐,小镇上的每个居民都嗅到了饥饿的气味。饥饿的气味像腐烂的草根,像发霉的馒头,像怎么也暖不热的被窝,比寒冬更冷,就算正午的阳光也融化不了它。

此时,饥饿的阿芙琳头发上别着一只陈旧过时的粉色蝴蝶结,穿一身皱巴巴的粉色小棉袄,脚蹬粉色雪地靴,为了驱赶空气里饥饿的气味,她边走边唱儿歌:

"过大年,包水饺,娃娃自个儿来和面,身子裹在面里

---

① 法国女作家贝阿特丽·白克的童话小说《空心树》中的主人公。故事中,小女孩阿芙琳在森林里采蘑菇迷了路,误入空心树。阿芙琳和一只聪明而忠诚的松鼠成了朋友,他们联合蜜蜂,一起赶走了恶人,最终,阿芙琳获救。

面，只露小头和小脚……"

湖泊小镇离魔法森林只有一公里，森林大门是阿芙琳回家的必经之处。每每走到这里，她就感到背后有一双黑洞洞的眼睛在注视着她，一双没有眼珠的眼睛。

魔法森林大门由两棵千年榕树把守，瘦骨嶙峋的枝条密密麻麻，垂向地面，树干弯成弓，蓄势待发，像两只随时准备进攻的巨型藏獒。

一团雪堆突兀地挡在大门中央。

阿芙琳不由得加快脚步，想快速逃离这道森林大门——传说中的"地狱之门"。

"救命……救命……"

一阵微弱的喊叫声从地底传来。

阿芙琳吓得僵在原地。她竖起耳朵，想辨别声音来自哪里。

"救命……救救我！"

阿芙琳确定这声音来自地下，因为，周围没有一个人影。

她惊恐地大叫一声，小竹筐掉在地上，野蘑菇也滚落了出来。突然，雪堆里伸出一只手——确切地说，是一只爪子——抓住阿芙琳的鞋带。"啪"的一声，阿芙琳没站稳摔倒在地，下巴磕在一堆鸟粪疙瘩上，痛得她嘴歪眼斜。那一瞬间，她好后悔早上不听妈妈的话，硬要穿这双系鞋带的雪地靴。

阿芙琳这一摔，竟把被埋在雪堆中的灰兔夫人拽了出来。

3. 误入险境

获救的灰兔夫人来不及抖落身上的残雪，趴在地上就开始捡野蘑菇吃。躲避猎人时，她弄丢了干粮，现在，救命恩人阿芙琳还趴在地上呻吟,灰兔夫人却自顾自地大嚼特嚼。

"真好吃,冬天竟然还能采到这么鲜美的蘑菇,太好吃了!"

灰兔夫人不顾优雅形象,大口咀嚼,旁若无人地喷溅着唾沫星子。一边自言自语,一边吮手指上的蘑菇汁。

"小女孩,你没事吧!"

吃到八分饱,灰兔夫人才想起自己的救命恩人,她跳到阿芙琳跟前,用爪子摸摸她的脸,关切地问道。

可怜的阿芙琳,此时满脑子都是妖魔鬼怪的身影,刚才,她看到毛茸茸的爪子,听到了门牙的碰撞声、贪婪的吮吸声,还有,那尖厉的嗓音,太难听了。她捂住眼睛"呜呜"地哭了起来,心想:这回我肯定要被妖怪吃了,妈妈说魔法森林里住了好多吃人的妖怪。

灰兔夫人的爪子刚碰到阿芙琳的脸,阿芙琳一下跳起来,恐惧到极点,咬紧牙关,伸出手臂使劲朝两边挥去,正巧揪住灰兔夫人的长耳朵。像投掷铅球一样,她把灰兔夫人硬生生地投进了魔法森林。这时,老榕树睁开藏在树冠里的眼睛,眼里射出两道绿光,一道隐形门缓缓打开。

"哎哟,我可怜的耳朵,为什么你们都要揪兔子耳朵呢?难道我的长耳朵生来就是被你们揪的吗?"

灰兔夫人重重地摔在一块丑石上,眼冒金星,她大声抗议揪她耳朵的阿芙琳。此时,她似乎忘记了,白兔先生的耳朵是被谁拧成天津小麻花的。

兔子?阿芙琳心里嘀咕着,她试探着把眼睛睁开一条缝瞥见远处有两只长长的兔耳朵,在草丛里哆哆嗦嗦的。

阿芙琳小心翼翼地往前迈了几步,刚走到老榕树下,一道绿光从她的头顶射下来,瞬间,一股强烈的吸力牢牢地吸住了她。

阿芙琳被吸力卷了起来,她还来不及做任何反应,"倏"的一声就被扔到丑石旁,膝盖撞得生疼生疼的。

这时,她终于看清了这只穿蓝绿格子裙的灰兔。

灰兔夫人一脸惊恐地盯着阿芙琳,仿佛看到猎人黑洞洞的枪口。阿芙琳摸摸自己的脸,不好意思地朝灰兔夫人笑了笑,说:

"把你摔疼了吧,对不起哦!"

灰兔夫人的眼神里写满了惊恐,不过灰兔夫人并没有看她。阿芙林顺着她的视线回头看,只见在一棵老榕树的树冠上,挂了一块锈迹斑斑的铁牌子,上面写着:

"魔法森林,只进不出!"

这时她们才发现魔法森林的大门已悄然关上了。这意味着,阿芙琳和灰兔夫人想再踏出魔法森林大门是不可能的了。

她们当然不会就此放弃:

整整半天时间,阿芙琳和灰兔夫人努力了几百次,用手推、用脚踹、用牙咬,爬树蹿高,搭人梯,造人桥……从正午一直折腾到黄昏——她们还是逃不出去。

那道看不见的门,比世界上最坚硬的钢铁还要坚硬。

4. 空心树的秘密

天黑了。

大串大串的冰溜子从老树上掉下来,砸在阿芙琳和灰兔夫人身上,又碎成冰碴儿在她们衣服上耍赖,散发出泥土的腥味、动物尸体的腐臭。

寒夜无依刺骨凉。

"古人说,上帝要让谁倒霉,先把他踢翻在地,再踏上一只脚!"

灰兔夫人蜷缩在阿芙琳怀里说。

两人头碰头，脸贴脸，小手搓小手，依偎取暖。即便如此，两人还是冻得牙齿"咯咯"响，灰兔夫人仍不忘来几句自我揶揄的话。

"是哪个古人说的?"

阿芙琳心不在焉地问。

灰兔夫人的思绪又跑远了，她转移了话题，继续说：

"早知道要死在这里，想当年，我就该和我前男友——黑兔先生私奔，我父母不准我嫁给他，说他没个正经工作，现在想想，有个正经工作又怎样？能和心爱的人在一起，游走四方闯天涯也不错呀……"

说到动情处，灰兔夫人很想吟诗一首，怎奈词穷，她又开始后悔中学时没好好上语文课，没多背几篇古诗词。

这时，阿芙琳轻轻地说道：

"我在想，我爸爸长什么样儿呢？我还没见过爸爸呢，妈妈说，等你长大了就会见到爸爸。但是，我，今天，就会被冻死，在这里。"

阿芙琳自出生就没见过爸爸，这么多年来她和妈妈相依为命。妈妈在湖泊小镇开了家干洗店，最近几年，经济不景气，妈妈的干洗店生意惨淡。干洗店旁边是邮局，邮差是一只上了年纪的秃头鸽子，鸽子大叔人很好，负责收信送信，还常常把邻居不穿的旧衣物带回给母女俩。最近，鸽子大叔的独生子得重感冒发烧，阿芙琳主动请缨，替大叔送信。没想到，第一天工作就误入魔法森林。

灰兔夫人叹了口气，终于吟出了一句诗：

"'同是天涯沦落人，相逢何必曾相识。'想当年，我也是文艺女青年呀，现在的日子，唉……"

这时，森林里传来一连串古怪的鸟叫声，"咕……咕咕……"比猫头鹰的叫声还要凄厉。

两人不约而同抱得紧紧的，哆哆嗦嗦，像两颗在闷罐里上下乱蹿的骰子——两颗被命运之手随意摆弄的骰子。

过了许久，阿芙琳悄声对灰兔夫人说：

"声音好像是从那棵树里发出来的。"

借着朦胧的月光和积雪反射的淡淡白光，两人看到，五米开外，有一棵很奇怪的巨树，不是橡树，不是榛树，也不是栗子树……而且，树干好像是空的。

灰兔夫人有点兴奋，说：

"如果我们躲进树身，也许还能活到明天。"

不等阿芙琳回答，灰兔夫人一下子从阿芙琳怀里蹦出来，拉住她就跑向空心树。树身里很宽敞，两人刚跳进去，背后传来"咔嚓"一声响，树身合上了。

古怪的鸟叫声像一把把寒光逼人的利剑，惨白的剑刃一刀刀划破夜的心脏，整片魔法森林都为之震颤。

仔细听来，它叫的不是"咕咕咕"，而是"公主怨"！

第二章
心理医生伏丽西

> 在梦境里,那只怪鸟的身影越来越模糊,随之变成一团浑浊的黑色气体。

神秘的魔法森林,住着世界上最奇异的动物、最美丽的仙女、最邪恶的女妖、最善良的精灵。

亿万年前,一小群人类先祖为探寻水土肥美的栖息地,从遥远的非洲横穿沙漠,一路艰难跋涉,穿越了几片传说中最险恶的丛林。途经魔法森林时,见这里绿树繁花,茂林蔽日,他们便决定在此小憩几日。结果,除一两个异常勇猛的先祖走了出去,其余的先祖永远迷失于此。

亿万年过去了,魔法森林里出现了两个居住区,"居民区"和"猎人区"。在这里,动物是魔法森林里真正的居民,持有居民证,在"居民区"搭房盖瓦,享有一切森林居民权;迷失于此的人类则居住在"猎人区",过着与原始部落类似的采撷生活。"猎人们"世世代代臣服于森林"居民",有"猎人"之名而无

"猎人"之实，他们从不猎杀动物，只享有部分森林居民权。

几个世代以来，森林居民和猎人和平共处，他们互不侵犯。"居民区"和"猎人区"隔了一条波涛汹涌的大河，若要渡河到对岸，必须经过对方居民的同意才行。

除了动物居民和猎人，魔法森林还住着精灵和仙女。她们享有自由穿梭于"居民区"和"猎人区"的权利，是魔法森林里最受欢迎的生灵。精灵的外形与人类的女性一样，她们单纯、天真、质朴、善良，是魔法森林的原住民。精灵如果做出一件拯救魔法森林的事情，就能修炼成仙，升格为仙女。

仙女不受地理空间禁锢，既能飞升上天，又能盘旋入地，可以到达魔法森林任意一个角落，是动物居民和猎人一致敬仰的人物。

只是，亿万年来，只有一位精灵成功修炼成仙，升格为仙女，她就是仙女伏丽西。

一千年前，仙女伏丽西做了一件拯救魔法森林的大事——她打败了侵扰魔法森林的莫兹女妖[①]，将女妖逐出森林，拯救黎民于水火之中。

1. 可怕的深蓝色病毒

不知道从什么时候开始，一种深蓝色病毒在魔法森林蔓延扩散。

有时候，它的形体像一团浓稠的迷雾，无声无息，钻入居民

[①] 法国女作家贝阿特丽·白克的童话小说《月光宝剑》里的重要人物，仙女伏丽西的敌人，最终被伏丽西打败。

的鼻腔；有时候，它又像一张结实的渔网，像捕小鱼一般不由分说把居民套进网里；有时候，它又像一只头上蒙着床单的小妖，乱踢乱撞，闯进居民的大脑里、胸腔里、脊柱里……

感染病毒的居民都不知自己是怎么被感染上的。某一天，你早上起床，莫名其妙开始胸闷，呼吸不畅，气紧；或者，某一天半夜，你突然感觉像被某种无形的绳索捆绑着，挣脱不了，想发疯；或者，某一天，你正在拜访老朋友，前一秒还嘻嘻哈哈，后一秒就头晕胸闷，浑身无力，心情低落到极点——你就这样被感染了！

有些严重者还会突然情绪崩溃，叫嚷着要轻生。

无人知晓病毒来自哪里。

但是，森林居民发现，这种深蓝色的如迷雾、如渔网、如小妖一般的病毒，一旦飞到仙女伏丽西的头顶上空，就会自动消失，仙女伏丽西似乎天生就有制服病毒的法力。

森林里有一排连绵起伏的小山，仙女伏丽西就住在半山小舍，居民称之为"仙女宫殿"。有的居民发现，每位踏进仙女宫殿的感染者，进去前，脸部肌肉僵硬，像有人用橡皮筋把他们的脸绑住，还死死往下扯，所以，他们个个嘴角下垂，眉头紧锁；出来后，那根橡皮筋就奇迹般消失了，松绑后，他们个个眉开眼笑，脸部表情细腻活泼。于是，登门求医的居民越来越多。

渐渐地，仙女伏丽西变成"医生伏丽西"，居民自发在森林中央为伏丽西建造了一间诊所。鸟儿轮流展开翅膀作诊所的屋顶，绿树是诊所的圆柱，交织缠绕的藤萝密密麻麻垂吊下来成为诊所的墙壁，蚕儿吐丝织成窗帘，千万只小虫组合的地毯图案变幻万千。诊所挂钟由一丛鲜花编织而成，整点报时的时候，花瓣一开一合，各司其职。

后来，"医生伏丽西"的称号也没人叫了，因为伏丽西不开药不打针，这点和又开药又打针的大象医生不同。不知哪个聪明人学来一个新名词——"心理医生"。为了区分"大象医生"和"医生伏丽西"，居民们称"仙女伏丽西"为"心理医生伏丽西"，于是伏丽西的诊所就成了"心理诊所"。

离奇的是，从远古祖辈便开始行医的大象家族也感染了病毒，大象医生竟也成了伏丽西的病人。医生自己成了病人，这在魔法森林里可闻所未闻。

这样一来，"心理医生伏丽西"的名望越来越高了。

2. 心理医生的梦

心理医生语录

> 每天的释梦、情绪觉察、人际互动觉察都是在给自己做"心理分析和咨询"，遇到不能理解的事情，应先将它搁置，千万不要给自己贴张标签，或套个理论，而应去体验这种未知带来的内心感觉。

这天清晨，伏丽西从一个怪梦中醒来。

她梦到一只怪鸟，怪鸟在诊所上空盘旋转圈，始终不肯落下。怪鸟身形巨大，羽毛乌黑杂乱，发出含糊不清的叫声。她醒来后还记得清清楚楚，这怪叫声不是发自它尖尖的嘴，不是发自它哑掉的喉咙，而是发自——它那两颗没有眼珠的黑眼睛。

醒来，一睁眼，伏丽西马上找来钢笔，蘸着紫色指甲花汁在银杏叶编成的本子上记录这个梦：

"弗洛伊德说，梦是人潜意识的泄露，梦是人未完成愿望的象征性表达。荣格说，梦是人类集体无意识的象征表达。我昨晚梦到一只怪鸟，是在表达……"

写到这里，心理医生伏丽西疑惑了，似乎弗洛伊德和荣格的书里都没讲到这种怪鸟，她该如何理解这个梦呢？

"书上说，比起理论，咨询师更要相信直觉，如果理解不了梦，先回想梦中的场景，想象自己重新进入梦境，根据梦的细节进行自由联想。"

伏丽西自言自语道。

她闭上眼睛，开始自由联想。

伏丽西知道，作为一位心理医生，每天的释梦、情绪觉察、人际互动觉察都是在给自己做"心理分析和咨询"，遇到不能理解的事情，应先将它搁置，千万不要给自己贴张标签，或套个理论，而应去体验这种未知带来的内心感觉。

同样，伏丽西在给居民做心理咨询的过程中，如果遇到不能理解的事情，她也不会用任何一个理论来生搬硬套。承认未知，接纳未知，先放一放，然后，相信直觉。

伏丽西闭上眼睛，深深地吸了口气，进入梦境。在梦境里，那只怪鸟的身影越来越模糊，随之，变成一团浑浊的黑色气体。伏丽西立刻体验到一种剧烈的"悲伤"。这种"悲伤"如钱塘江春潮在她的血管里鼓动，一起一伏，时强时弱，如果她再往前走一小步，就会被看似平缓的潮水吞没。是的，如果再深入体验一点点，伏丽西就会被这看似平缓的"悲伤"吞没。她眼前蹦出两个词——"病毒"和"莫兹女妖"。伏丽西不由得全身一颤。

莫兹女妖是魔法森林的宿敌，一千年前被伏丽西打败逃出了魔法森林。难道，女妖又回来了？如果女妖真的回来了，伏丽西仍然有信心战胜她。只是，一些不幸的森林居民又会落入女妖的魔爪。何况，此时深蓝色病毒肆虐，自己若卷入与女妖的恶斗，谁来医治饱受病毒之苦的居民呢……

伏丽西越想越心烦。显然，这不是"自由联想"，而是她的"灾难化思维"导致的"泛化焦虑"。所谓"灾难化思维"，就是把一件很小的事情想成如同世界末日来临般的灾难：课堂上被老师批评了两句——哎呀，我没面子，我的一生都毁了，我再也不去学校了；这个月被扣了500元绩效——完了，我再也不是好员工了，我没前途了……感染病毒的森林居民在伏丽西的诊所里，把这些"灾难化思维"的句子说得比顺口溜还顺，不假思索，脱口而出。

伏丽西深深知道，即便是心理医生自己，如果陷入"灾难化思维"，也会因日渐加重的泛化焦虑而患上抑郁。

抑郁情绪，正是深蓝色病毒的温床。这一深蓝色病毒正在森林里蔓延。

昨天，消息灵通的大雁舅舅说：

"我通过另一个雁群得到可靠消息，这病毒有名字，它叫抑郁症。"

一夜之间，"抑郁症病毒"成了魔法森林各大媒体的流行词，火速替代了先前的热词——"深蓝色病毒"。

3. 敲　门

> **心理医生语录**
>
> 作为一名心理医生，规则和秩序是给普通人群设定的，面对危机事件，"生命第一"才是最高秩序和规则。

"咚咚咚！"

响起了急促的敲门声。

有病人。

伏丽西看看时钟，昙花花瓣刚刚合上，清晨7点整。

这么早，还没上班呢。

为了方便诊治病人，最近几年，心理医生伏丽西就住在诊所里，她在诊所外挂了块牌子：

魔法森林心理诊所
上班时间：早9点—晚6点

森林居民都有遵守规则的美德。他们知道，心理医生是一个新兴职业，既然是职业，就有职业规则，有时间、费用、咨询伦理、各种咨询设置等。所以，即使森林居民早早地从森林南头赶来，一看时钟，8点30分，他们也会在诊所外等候，等到8点55分，再轻轻叩门。迎接他们的永远是伏丽西那双美丽而亲切的眸子，泛着祖母绿的光彩，那两片含笑的嘴唇张开，吐出紫罗兰的芬芳：

"你好，有什么可以帮助到你的吗？"

如果你是问诊居民，你就这样被请进了诊所。

这时，助理考拉小姐会优雅走来，为你端上一杯咖啡、普洱茶或巧克力牛奶，你可以尽情享用，享用完毕，你再走进诊所的小隔间——树屋心斋；一坐上草甸堆成的躺椅，身子就会轻轻回弹一下，再扭扭小腰，把猴头菇靠枕放在后腰最舒服的位置，开始你的心理咨询。其实，自你踏进诊所的一刹那，心理咨询就已经开始了，只是，很少有人觉察到这一点。

"咚咚咚！"

又响起了敲门声。伏丽西还穿着睡衣，她不想因此打破诊所的规矩，也不想因此破坏心理咨询的规则。

伏丽西用干涩了一夜的嗓音说：

"魔法森林诊所9点上班，请8点55分再来。"

"咚咚咚！"

第三遍。敲门的人似乎全然不管伏丽西的解释。

伏丽西耐着性子说：

"朋友，如果你有急事，请给我写纸条，塞进门缝，我一定会看。"

"咚咚咚！"

第四遍。声音更急促。

伏丽西有些不耐烦了，还有些生气，有一种不被尊重的感觉，她很想发火。这个访客不仅打扰了她的释梦体验，更是在挑战魔法森林万年不变的美德和秩序。

伏丽西换上正装，准备打开窗户和这位不守规则的访客聊聊秩序和美德。

"心理医生，有人要轻生，请开门！"

门外传来细细的声音。

心理医生伏丽西大吃一惊。从业多年，感染"抑郁症"病毒的森林居民只有想轻生的，还没有真正轻生的。作为一名心理医生，规则和秩序是给普通人群设定的，面对危机事件，"生命第一"才是最高秩序和规则。

伏丽西来不及化妆，立马说道：

"藤萝开门！"

心理诊所的门开了。

外面站着两个打扮奇怪的人，很明显，她们并不是森林里的居民。

4. 考拉小姐

> **心理医生语录**
>
> 社交恐惧的本质是对自我形象的过分关注，而且，越恐惧越要面对。

松软热腾的烤面包圈的表皮上，黄油在"滋滋"冒泡。

"丁零零"，花狗弟弟项圈上的银铃蛮横招摇地响了，考拉小姐一把护住面包圈……她从梦中醒来。

考拉小姐的酣梦被藤萝闹钟吵醒了。

"这么早就要上班了？"

考拉小姐一脸的不情愿，嘴里嘟囔着。

她转了转肉嘟嘟的脖子，不情愿地翻了个身，伸出两根胖胖的手指拎起闹钟。

咦，才7点钟。

考拉小姐以嗜睡、温和、沉默著称，后两项美德与心理诊所助理的职位要求颇为相符，使得她在数百位应聘者中脱颖而出。只是，嗜睡就有点……上班第一个月，考拉小姐迟到了25天。为了彻底根除嗜睡的坏习惯，上班第26天，考拉小姐搬到与心理诊所一墙之隔的小木屋里住下来。她找来一条细长坚韧的藤萝，一头连在诊所的藤萝门上，一头挂在自己的床头，在藤萝尾部系了个大闹钟。这样一来，只要诊所的藤萝门一打开，考拉小姐就会立即被闹钟唤醒。这时，她会缩成一个小肉球，从床上滚下来，滚出小木屋，再滚到诊所门口，踩点上班。

"伏丽西医生好！"

考拉小姐掸掉头上的残雪和枯叶，挺直后背说。然后，她把整副躯干的重量都放在肥厚的臀部上，小心翼翼地启动胯部，抬起肉乎乎的脚掌，笨拙地跨进藤萝门槛。

一抬眼，考拉小姐被眼前的景象吓了一跳。

两个陌生人坐在地毯上，一只穿蓝绿格子裙的长耳朵灰兔和一个穿粉红色小裙的黑眼睛小女孩。

考拉小姐祖祖辈辈都宅在树屋里。她见过短耳白兔、绿眼忽闪的精灵、如伏丽西一般穿蝉翼服的金发仙女和皮衣猎人。眼前的这两位她从没见过。对于她从没见过的动物和人，考拉小姐有着本能的"社交恐惧"——虽然伏丽西说，社交恐惧的本质是对自我形象的过分关注，而且，越恐惧越要面对；但是，祖祖辈辈的恐惧基因现在开始一发不可收拾地起作用了。考拉小姐浑身发颤，双腿发软，短小的腿再也撑不住她肥厚的身躯，她一屁股坐在地毯上，小心脏"扑通扑通"直跳。

5. 我不能帮你

> **心理医生语录**
>
> 来访者的咨询目标必须是具体的、积极的、可行的，符合咨询伦理和设置规范的。

"让我介绍一下，这是灰兔夫人，这是阿芙琳。这位是我的助理，考拉小姐。"

心理医生伏丽西开始逐个介绍。

"灰兔夫人和阿芙琳来自外面的世界，说起来，也是我们的邻居，她们住在离这里一公里的湖泊小镇，她们还有位新朋友,叫公主怨鸟①,这只小鸟似乎遇到了大麻烦。"

伏丽西用温和的眼神注视着考拉小姐,又转头看向两位新朋友,不紧不慢地讲述整件事情的来龙去脉。

"这只公主怨鸟可不小,她的体型可大了。"

灰兔夫人纠正道,双臂张开做了一个大大的手势。

"但是,她说话的方式像个小女孩,感觉比我还小。"

阿芙琳补充道。

"她每天都用嘴啄自己的毛,全身的羽毛快啄光了,她说,这是她的轻生方式,太可怕了!"

灰兔夫人继续说道。

"她的头血肉模糊,她一定遇见了很可怕的事情,她很痛苦。"

阿芙琳补充道,眼里噙满了泪花。

灰兔夫人和阿芙琳把刚才对伏丽西说过的话又重复了一遍,两人你一句我一句,听得考拉小姐丈二和尚摸不着头脑,竟然忘了自己有"社交恐惧"。

"她求助过大象医生,我说的是这只公主怨鸟,但是她没有得到帮助,她觉得这个世界没人能帮她。"

灰兔夫人咽了下口水继续说道。

"我们误入魔法森林,又被困在空心树里,在里面见到公主怨鸟,她是一只善良的鸟儿,没有伤害我们,还给我们讲了她的身世,说她为什么要轻生。早上,我们一出空心树,就看到心理诊所的指示牌,但是她不愿意过来,她说就连医生也帮不了她。

---

① 法国女作家贝阿特丽·白克的童话小说《"公主怨"鸟》中的重要角色。故事中,一位厌世的公主逃离宫殿,逃进森林,绝望哀号,变成怪鸟,被叫作"公主怨"。最终,厌世的公主变成饱经风霜的老妇人,经历世事沧桑,她醒悟过来,发现了生活的美好,在她热爱的森林里度过了余生。

但我想,'心理医生'既然比'医生'多两个字,可能要厉害一点点吧。"

阿芙琳讲了事情的前因后果,末了,又试探着说出这一句带点小恭维的话,两腮立刻泛起红晕。她极少恭维他人。

"能否用一句话来描述你们今天来访的目标呢?"

心理医生伏丽西说道。

她从檀木椅上起身,扶起蜷成肉球的考拉小姐,暗示她为访客倒茶水。

考拉小姐费力地站起来,拍拍酸软的腿,蹒跚着到后厨为访客准备热饮和点心。考拉小姐以为这一辈子都克服不了"社交恐惧",然而短短几分钟的"面对",她心里竟舒服轻松了不少,她竟哼唱起森林民谣来了。

"呃,一句话?我们想让那只可怜的鸟儿不要轻生。"

灰兔夫人抢先说道。伏丽西听后摇摇头说:

"那是你们的事情,和我有什么关系呢?难道你们今天到访了诊所,那只鸟儿就不会轻生了吗?所以,既然是你们想让某件事情不要发生,就是你们自己的事,我会交给你们去解决。你们有很多种解决这个问题的方法,对吗?那么,为什么你们又要来心理诊所呢?"

灰兔夫人发现自己的脑细胞不够用了,有点跟不上心理医生伏丽西的思路。阿芙琳开口说:

"我们来访的目标是想请你帮助她,她一定是生病了才会想轻生,只有医生才能帮助病人。既然大象医生帮不了她,能帮她的就只有心理医生。所以,一句话,我们想请你去空心树里为公主怨鸟治病。"

显然,伏丽西更欣赏阿芙琳的回答,她笑笑,却仍然摇头说:

"每次心理咨询前,我都要请我的病人用一句话来描述咨询目标。此时此刻,遇到麻烦事的是你们,所以,你们就是我的来访者,虽然大家都习惯称来访者为'病人',但是我更喜欢'来访者'这一中性称呼。来访者的咨询目标必须是具体的、积极的、可行的,符合咨询伦理和设置规范的。但是,阿芙琳,你刚才说的目标不够具体,也不可行,更不符合咨询伦理和设置规范,所以,我帮不了你们。"

6. 她一定会来

> **心理医生语录**
>
> 心理咨询之所以能起效,关键在于来访者是否有自我改变的意愿,来访者是否愿意配合心理咨询师。

灰兔夫人大惊失色,咧嘴哭着说道:

"如果心理医生都帮不了那只可怜的鸟儿,那她一定死定了,说不定她现在已经不在这个世上了,呜呜呜——"

灰兔夫人眼前浮现出一幅悲惨的景象,一大堆羽毛,一滩鲜血。

小女孩阿芙琳却很镇定,她仔细想了想伏丽西的话,说:

"你的意思是让我再换一种具体、积极、可行的表述,还要符合咨询伦理和设置规范。嗯,对呀,公主怨鸟拒绝一切帮助,不相信任何人,即使心理医生去到空心树,她也不一定会接受帮助。请你过去帮她,似乎不可行。所谓具体,就是要更加细化,有时间,有行动……我知道了,我们今天过来的目标是,我们想和你商量一个让公主怨鸟能主动接受心理咨询的方法,越快越好,最好今天就能知道具体的方法。"

伏丽西心里暗自为阿芙琳鼓掌,小女孩的领悟力很高。

是的,每次心理咨询前,伏丽西都需要和森林来访者们先确定一个具体、积极、可行、符合咨询伦理和设置规范的目标。

伏丽西遇到过很多类似情况,比如,松鼠爸爸代替感染"抑郁症病毒"的孩子前来咨询,希望伏丽西登门救治孩子。但是,心理咨询之所以能起效,关键在于来访者是否有自我改变的意愿,来访者是否愿意配合心理咨询师。如果孩子根本就不愿意来诊所接受咨询,心理咨询师违背孩子意愿主动登门救治,会让孩子非常抵触和反感,会破坏咨询关系。所以,面对松鼠爸爸这类家长,伏丽西会引导他们说出一个合理的咨询目标:和家长们一起配合,想出一个让孩子能主动接受心理咨询的方法。

等动作迟缓的考拉小姐端出咖啡和甜点时,两位访客已经离开了,伏丽西刚送走客人转身进屋。

"她们这么快就走了?她们那位轻生的朋友——"

考拉小姐很纳闷。

"放心吧,下午,公主怨鸟就会来这里!"

伏丽西缓缓说道。

魔法心理小课堂

1. **心理学家说梦**

   弗洛伊德说,梦是人潜意识的泄露,梦是人未完成愿望的象征性表达。荣格说,梦是人类集体无意识的象征表达。

2. **灾难化思维**

   把一件很小的事情想成如同世界末日来临般的灾难:课堂上被

老师批评了两句——哎呀,我没面子,我的一生都毁了,我再也不去学校了;这个月被扣了 500 元绩效——完了,我再也不是好员工了,我没前途了……

3. 社交恐惧

社交恐惧的本质是对自我形象的过分关注,而且,越恐惧越要面对。

4. 来访者的咨询目标

来访者的咨询目标必须是具体的、积极的、可行的,符合咨询伦理和设置规范的。

第三章
初 见

> 只要她能迈出空心树，做一些从未做过的事，捡松果，兑换魔币，她就一定能从中发现新的意义，从而收获"生"的意义。发掘"生"之意义，只有身体力行之道，而无他人灌输之理。发掘了"生"之意义，才能看到出路、希望，产生活下去的动力。

早上9点，灰兔夫人和阿芙琳离开了心理诊所。

从早上9点一直到下午3点，每位森林居民都声称自己捡到了不祥之物——一根黑色羽毛。

亘古至今，魔法森林就没有出现过长黑色羽毛的动物，这里的喜鹊是红绿色，鹦鹉是蓝白色相间，麻雀是灰白色，乌鸦是纯白色……

"是不是传说中的莫兹女妖又来了？"

"不，是那'抑郁症'病毒升级成妖怪了。"

"是上帝给魔法森林的惩罚!"

……………

森林居民个个面露难色,满腹狐疑。

多少年了,从第一代森林居民开始,就无一人挨过饿,更无人感染过病毒。虽然祖祖辈辈流传着莫兹女妖的传说,但仙女伏丽西早在一千年前就将她驱逐出了魔法森林。

今年,真是个多事之秋呀。百年不遇的暴风雪、大饥荒,又是千年不遇的"瘟疫"。

1. 预知梦

心理医生语录

心理学的"爹妈"却有医学、哲学、宗教、玄学、数学、文学。

"咕咕……咕!"

那凄厉的叫声,像来自地狱愤怒的火焰,越来越近,越来越近,叫声在魔法森林上空肆虐,像无数条荆棘编成的鞭子,抽打着居民们早已习惯宁静的耳膜。

考拉小姐再次吓瘫在地,手里的松果饼滚了一地。

从未经历过噪音考验的森林居民纷纷捂住耳朵。考拉小姐则捂住眼睛,口里默念:

"面对,面对……"

心理医生伏丽西正在地下室打坐。她喜欢这种来自古老中国的修行方式。这叫声让她想起昨晚的梦——那只黑色的怪鸟:难道,梦中的怪鸟就是即将到访的公主怨鸟?

"这么说来，我昨晚做了一个预知梦？"

伏丽西自语道。

世间有太多奇妙的事情难以用科学解释。心理学是一门科学，但是，心理学的"爹妈"却有医学、哲学、宗教、玄学、数学、文学。比如"预知梦"这件事，很多森林居民都曾指着森林大门的老榕树发誓。他们昨晚做了一个梦，梦见自家老母鸡下了一个双黄蛋，醒来跑到鸡窝里一看：哟！果真是双黄蛋，又大又圆。然后，到处夸耀自己的梦，夸耀自己的"先知"本领。

"心理医生伏丽西，用心理学怎么解释预知梦呢？"

被问到这类问题，伏丽西总会这样回答：

"世间有太多奇妙和未知的事情难以用已知的科学来解释。"

最近，伏丽西开始重读荣格的著作。她发现，荣格用"非因果关系共时性"来描述一些神秘的心理现象。荣格说，偶然性事件之间会有一些非因果性的联系，就是"共时性"。比如，我们常常听说这些事，预知梦、第六感、心灵感应，或者想起哪个朋友第二天就收到他的信。这些现象有可能源于我们人类共同的集体潜意识原型。但是，这种现象的发生没有具体的原因，或者分不清哪个是原因哪个是结果。如果说是偶然，它的发生概率却又特别低，让人对事物的原理感到困惑，故而称之为"超心理学"……

伏丽西感觉自己快"入定"时，门外突然传来"咚咚"声。考拉小姐连滚带爬，跌入地下室，喊道：

"一只怪鸟，像魔鬼！救命呀！"

2. 沉 默

> **心理医生语录**
>
> 如果吸进氧气太多，大脑会出现"氧中毒"症状。这样一来，胸闷头晕感觉加重，病人的焦虑情绪也随之加重。

沉默。

10 分钟。

20 分钟。

梦中的怪鸟在心理诊所现身，心理医生伏丽西如入梦境，她用梦幻般温柔的眼神注视着这位特殊的访客。

怪鸟身上的黑羽毛脱落了一大半，她半蹲在地毯上发抖，身形像只硕大的高原牦牛。她的喙像乌鸦，舌头像牛，喙包不住舌头，舌头斜斜地挂在喙边。她的头顶凸起一大块肉瘤样的东西，血迹斑斑，又像只基因突变的鹅。她的腿像老鹰的腿，脚掌却像牛蹄。她的眼睛没有眼珠，鲜血从眼眶渗出。她呼吸起来很费劲，胸膛用力起伏着，气流和喉咙摩擦发出喑哑的呼呼声。

此时此刻，伏丽西心里没有丝毫惧怕，只有怜悯，她用"心"和怪鸟交流。

20 分钟过去了，伏丽西和怪鸟都纹丝不动。无人试图去打破这僵冷凝固的空气，去打破这如北极坚冰般的沉默。

一股巨大的悲伤袭上伏丽西心头：一种熟悉的悲伤，梦中的悲伤，清晨的悲伤，黄昏的悲伤，童年的悲伤……

伏丽西注意到，怪鸟每吸一口气都要用很大力气，但是，这口气似乎到不了怪鸟狭小的腹腔，只在她粗壮的喉咙里打转。她很急促地呼一口气，马上，又大大地吸进一口气。

伏丽西观察发现，那些焦虑症发作的森林居民都有这样一种呼吸特征：总觉得自己胸闷头晕，偶尔还有窒息感，担心自己缺氧，于是深深吸气，浅浅呼气。但是，这样一种呼吸方式反而会加重他们胸闷头晕的感觉。因为，如果吸进氧气太多，大脑会出现"氧中毒"症状。这样一来，胸闷头晕感觉加重，病人的焦虑情绪也随之加重。

伏丽西试着调整呼吸，一边调整，一边闭上眼睛轻声念道：

"屏息 10 秒，缓缓呼气，放松。继续吸气 3 秒钟，1……2……3，放松。呼气 3 秒钟，1……2……3，放松……放松，呼气的时候默念放松……继续，屏息 10 秒……"

伏丽西的声音很轻，却极具穿透力。

怪鸟的身体颤了颤，她发现，虽然自己大脑一点都不想接受这奇怪的指令，但是身体却接受了，竟不由自主地采用了这种奇怪的呼吸方式。几次下来，她觉得身体很舒服，虽然，她的大脑一直在极力抗拒。

3. 残酷的世界

心理医生语录

心理咨询是计时付费的。

"医生，为什么不阻止我轻生？"

一个女童般的声音，气若游丝，却是温柔的，声音从怪鸟身体发出，似乎发自她的心脏。

伏丽西看看鲜花时钟，咨询第 31 分钟，怪鸟率先打破了沉默。

"因为你没有付咨询费，所以，你并不是我的来访者。"

伏丽西嘴角微翘，用一种轻松俏皮的方式回应道。

"是你让我过来的，还有……那两位善良天真的新朋友，是你们让我过来的，为什么要我付费呢？我都是要死的人了，我早就放弃了所有的治疗。"

怪鸟的声音大了一点点，争辩道。

她清脆如孩童的声音与她厚重的外形极不相称，她扇扇残秃的羽翼，继续说：

"这个世界太残酷了！我是一个将死之人，你竟然还和我谈费用，你太无情了。本来我以为你是一个好心人，结果，你和所有人一样无情。这个无情的世界，没有一点点温暖和善意。"

伏丽西对怪鸟这一番声泪俱下的控诉似乎早有准备。她知道，她已经成功触发了怪鸟内心的"愤怒和恨意"，这是面对这类来访者不得不采取的下策。一个人，如果坚信自己已走到穷途末路，无论你用"山重水复疑无路，柳暗花明又一村"来安慰他，用"病树前头万木春"来激励他，都起不到实质性的作用。因为，他将"愤怒、厌弃和憎恶"指向自己，试图用轻生来抵消内心对自己的"恨意"。心理咨询时，让他把"愤怒和恨意"指向咨询师，某种程度上能抵消一部分他对自己的恨。但是，分寸必须适度，这是对心理咨询师的经验和心理素质的巨大考验。

伏丽西把身子往椅背上一靠，双臂交叉抱在胸前，故意做出一副满不在乎的姿势，然后，不紧不慢地说：

"如果我没记错，你是有名字的，你叫'公主怨'。好的，我会称呼你'公主怨小姐'。公主怨小姐，你说得很对，这是一个残酷的世界，而且，我可能比你说的其他人还要更无情。因为，在这个世界上，只有两样东西是真实的，一样是金钱，另一样是时间。所以，心理咨询是计时付费的，时间到了，我会请你离开心理诊所。现在，离咨询结束还有 20 分钟，你还有什么问题吗？"

公主怨小姐被心理医生这番话激怒了，她头顶的残羽愤怒地竖了起来，眼皮努力往上翻，挣扎着抬起头，那双没有眼珠的眼睛，两个深不见底的黑窟窿，瞪着伏丽西，浑身剧烈颤抖。她使劲扇动翅膀，几十片黑色的羽毛在空中狂舞。

她带着哭腔吼道：

"你真的是医生吗？你怎么可以做心理医生？心理医生这么无情和残酷吗？我已经是一个将死之人，你为什么还要这么无情和残酷！"

伏丽西马上回应道：

"那你认为心理医生是怎样的？"

公主怨小姐说：

"至少会给我一点温暖和关心吧！"

4. 100 魔币

> **心理医生语录**
>
> 我尊重你对你自己的所有看法，你有权利选择这样看自己。

考拉小姐一直躲在门后偷听，此时，她端着热果汁倚墙站着，犹豫了几次都不敢敲门。那只怪鸟是她见过的最可怕的"陌生人"，她实在没办法把怪鸟当成一个平常的来访者。

只听伏丽西说：

"你希望我给你怎样的温暖和关心呢?"

公主怨小姐说:

"至少你会劝我不要轻生呀,大象医生、阿芙琳和灰兔夫人都是这样做的,但是我一进来,你什么话都不说,还自个儿在那呼什么吸的,现在又找我要钱,你太无情、太残酷了!"

"所以,你希望我劝你不要轻生?"伏丽西说。

"是啊!因为你是医生呀,医生都会这样劝我!"

"这么说,你其实并不想轻生?你想让我帮你找一个活下去的理由?"

"不,我有一百种轻生的理由,我被诅咒,我太丑,我笨,我皮肤不够白,我老受欺负,没人爱我,这个世界太虚伪……但是,我又始终对自己下不了狠手,也许我怕疼,也许我怕死得太难看,总之,一个最终连死掉的勇气都没有的人真是不配活在这个世界上。但是,今天,阿芙琳和灰兔夫人从你这里回来后对我说,你认同我轻生的所有理由,你会帮我找到那最后一点点轻生的勇气,我觉得你和别的医生很不一样,所以我才过来的。"

伏丽西点点头,用十二分肯定的语气说:

"是的,我尊重你对你自己的所有看法,你有权利选择这样看自己,也有权利选择结束你的生命。所以,今天的咨询结束前,我会帮你找到一点点轻生的勇气。两周以后,我会帮你找到更多。一个月之后,我会帮你找到全部的轻生勇气。到时候,你就可以结束你的生命了。"

听伏丽西这样说,公主怨的背挺直了一些,她屏住呼吸,仔细听伏丽西说的每一句话,不肯漏掉一个字。她的呼吸也均匀了不少,不自觉地采用了伏丽西教她的那一套呼吸方法。前一刻,她那一对巨大的翅膀还在空中拼命扑腾,屋内空气都差点被她搅动成黑色,这一刻,那对翅膀松弛下来,放在身体两侧。

伏丽西继续说：

"你今天把这次和下次的咨询费用一并付给我，你就会找到一点点轻生勇气，我的咨询费用是每小时 100 魔币。哦！亲爱的公主怨小姐，听说你来自外面的世界，在魔法森林里，我们的货币是'魔币'，只能用森林里最珍贵的果子松果来兑换。我来算一算，100 魔币至少需要用 10 个松果兑换，这笔费用可不小。而你，需要在明天下午之前，付给我 200 魔币。这样一来，你就会找到一点点轻生勇气。"

公主怨小姐听得非常认真。听完之后，她倒吸一口凉气，思考良久，问道：

"你确定不阻止我轻生，而是要帮助我增加轻生的勇气？为什么其他人都会阻止我轻生，让我想一想父母，想一想所爱的人……为什么你跟他们都不一样？你真的知道你在做什么？"

伏丽西整理了一下脖子上的绣花领结，用自信而柔和的声音说：

"我很确定我在做什么。我们今天的咨询时间到了。记住我的话，如果你要增加你轻生的勇气，必须全部听我的，而且，我深信，在这个魔法森林，除了我，没有人能帮到你！"

5. 共 情

心理医生语录

共情的第一步：我把我自己想象成来访者，去体会来访者的情绪，以及情绪背后的原因和想法。

心斋里说话声突然消失了。

过了许久，躲在门外的考拉小姐才胆战心惊地敲了敲门。推开门，里面只有伏丽西一人，窗户大打开，公主怨鸟已经从窗户逃了出去。

伏丽西正盘腿坐在虫毯上，她微闭双眼，眉头紧锁，大口吸气，额发湿了好几缕，蝉翼服也汗湿了一块。

考拉小姐担忧地问：

"伏丽西医生，你没事吧？"

伏丽西微微睁眼，有气无力地说：

"我正在与公主怨共情。"

"共情？可是她已经飞走了。"考拉小姐说。

"但是这并不影响我和她的共情。共情的第一步：我把我自己想象成来访者，去体会来访者的情绪，以及情绪背后的原因和想法。所以，刚才我一直在努力想象：我变成了她的模样，蜷缩在空心树里，每天用力拔自己的羽毛，每天都想离开这个世界……我到底经历了怎样的悲伤？我这样伤害自己能缓解我的悲伤吗？"伏丽西低声自语。

"你共情到她的悲伤了，所以你才这么难受？"考拉小姐关切地问道，又喃喃自语："心理医生这一工作，真不是所有人都能做的，要让我每天去共情各类来访者稀奇古怪的情绪和念头，我早崩溃掉了，还是回去啃我的面包圈吧。"

伏丽西仿佛觉察到了考拉小姐的疑虑，停顿了一会儿，继续说：

"她把整片魔法森林的悲伤都吸附到了自己身上，她在承担整片森林的悲伤。"

"她感染抑郁症病毒了？"考拉小姐问道。

"是，也不是。"伏丽西说。

"为什么'是，也不是'呢？"考拉小姐问。她觉得，伏丽西医生今天说话吞吞吐吐的,和她平日里的爽快很不一样。

"我也说不清楚,这件事令人匪夷所思。她来自外面的世界,但是她的一切表现和森林里的病毒感染者一模一样,或者说,更加严重。'感染者'这个称呼,只针对森林居民,为了区分,只能称公主怨为抑郁症患者。"

考拉小姐彻底迷惑了,她比较迟钝,如果一段话里有几个"但是""或者",她的大脑就嗡嗡作响了,这时,她会放弃思考,转移话题。

考拉小姐佯装思考,片刻后,她赶快抛出一个最困惑她的问题:

"对了,伏丽西医生,我刚才听到,你要帮助她增加轻生的勇气?为什么?"

6. 同 盟

> **心理医生语录**
>
> 心理咨询要起效,第一步,也是最重要的事情,就是与来访者建立起"同盟"关系。

伏丽西花了整整一个小时才让考拉小姐明白心理咨询中的轻生干预原则。

很多来求助的森林居民在感染"抑郁症病毒"后,偶尔会出现轻生念头。比如,骡子伯伯在草丛里走,突然踩到一朵鲜艳的毒蘑菇,他顿时冒出一个念头:如果吃下毒蘑菇长睡不醒,我就不用每天承受失眠痛苦了。伏丽西称这种轻生念头为感染者的"基本症状"之一。

有的感染者会频繁出现轻生念头。比如，上周来诊所的蓝精灵小妹大哭着说：最近一个月，我经常和丈夫吵架，每次吵架后，我都很痛苦，痛苦到恨不得让格格巫把自己抓走制成标本。因为我是精灵，只要大脑里一闪现这个念头，格格巫真的就会披着黑斗篷飞上我家屋檐盯梢，然后，我又只得跟着丈夫东躲西藏。

所以，蓝精灵小妹大脑里闪现的这个"念头"也等同于"轻生"。伏丽西称这种频繁出现的轻生念头为"中等强度症状"的典型表现。

如果，感染者不仅频繁产生轻生念头，还出现遏制不住的轻生冲动，甚至做出过几次试图轻生的行为，就应该是"严重程度症状"了。

即使是"严重程度症状"的感染者，其轻生风险也高低不一。从理论上说，最严重的一类"抑郁症病毒"感染者（迄今为止，森林里还未出现过）的症状是：觉得生活没有一点意义，非常无助，没有希望，没有生活和工作的动力和热情，对什么都失去了兴趣，不与任何人交往。既然对于感染者来说，每天的"生"都是煎熬，他会对这样的"生"异常痛恨，他努力过，改变过，尝试过千万种方法，都无效。他发出愤怒的吼叫，抗议人生，抗议父母，抗议世界，无效。他想拒绝这种"生不如死"的"生"，无效。于是，他就会慢慢走到"生"的对立面——"死"。他认为"死"才是他当下生活的唯一意义、出路、希望和动力（虽然听起来很吊诡和荒谬）。他会憧憬自己得绝症、出意外的那一天，他会幻想出各种逼真的死亡场景、各种自残和轻生的手段，然后，逐一找机会付诸实践。所以，这类感染者的轻生风险是最高的。

更令人担忧的是，前几类感染者都有主动求治的动机，他们

35

希望接受心理咨询，希望能改变些什么，希望自己不那么痛苦，能正常地生活下去。而最后一类感染者的求治动机很弱，因为他已经把"死"作为他唯一的意义、出路、"希望"和动力。这样一来，每天煎熬的"生"，至少因为有被"死"终止的"希望"，而多了一点难以被常人理解的欣喜和兴奋。

伏丽西耐心地向考拉小姐解释：

"公主怨的症状已到严重程度。所以，假设我仍然劝她不要轻生，仍然为她解说伟大的'生'之意义，就像大象医生和她那两位可爱的朋友所做的一样，对于她来说都无济于事。当下，她已经认定，所有和'生'有关系的一切，都是无意义的，只有与'死'有关的东西，才有意义。如果我继续给她灌输'生'的意义，她只会想当然地认为，我不理解她，我是众多不理解她的路人甲之一，随后弃我而去。但是，如果我认同她的轻生动机，认同'死'对于她的意义，就与她建立起了'同盟'关系。心理咨询要起效，第一步，也是最重要的事情，就是与来访者建立起'同盟'关系。第二步，想方设法让她离开旧的环境，去做一些新的事情，表面看，她是奔着轻生目的去做这些事，但是，只要她能迈出空心树，做一些从未做过的事，比如捡松果、兑换魔币，她就一定能从中发现新的意义，从而收获'生'的意义。发掘'生'之意义，只有身体力行之道，而无他人灌输之理。发掘了'生'之意义，才能看到出路、希望，产生活下去的动力。"

听着听着，考拉小姐觉得眼皮越来越沉重。她那两个大大的鼻孔一张一合，像高压锅的排气阀一样，一边鸣叫，一边释放热腾腾的蒸汽，头耷拉在一边，沉沉睡去。祖先遗传给她的嗜睡基因会不分场合、不分时间让她在工作期间打盹。

好在伏丽西早就习以为常了。

伏丽西走出心理诊所，极目所至，天边那零星白雪下的点点苍翠、几缕懒懒的阳光与远处的雾气交织成一片淡金色的光影。伏丽西朝阳光的方向张开双臂，那团盘桓在胸口的"悲伤"阴云，需要光和暖，哪怕只有一点点。

魔法心理小课堂

非因果关系共时性

荣格用"非因果关系共时性"来描述一些神秘的心理现象。荣格说，偶然性事件之间会有一些非因果性的联系，就是"共时性"。比如，我们常常听说这些事，预知梦、第六感、心灵感应，或者想起哪个朋友，第二天就收到他的信。这些现象有可能源于我们人类共同的集体潜意识原型。但是，这种现象的发生没有具体的原因，或者分不清哪个是原因哪个是结果，如果说是偶然，它的发生概率却又特别低，让人对事物的原理感到困惑，故而称为"超心理学"。

第四章
信 任

> 这不是悲伤的泪,内心那奇特而陌生的感觉不可名状,她觉得呼吸舒畅,身体轻盈,头脑通透,她不再纠结到底发生了什么,反而有点享受这一刻。

一天过去了。

两天过去了。

三天过去了。

伏丽西每天都在为形形色色的森林居民做心理咨询,等候者排起了长队。

在世世代代森林居民根深蒂固的观念里,病毒就如同腐叶、泥污、粪便之类的垃圾,是强行进入感染者身体的面目可憎的入侵物。居民一旦被病毒感染,就必须将垃圾排出才能痊愈。

抑郁症这种病毒也不例外,必先除之而后快!

所以,每每见感染者走出心理诊所,笑颜如花,家人就会上前攀住他的双肩，关切地问：

"垃圾排完了？"

时间久了，森林居民发现，抑郁症病毒的传播并非像小妖蒙眼乱撞一般盲目混乱。那些白天从事体力劳动，晚上和大伙一起喝酒吃肉的居民很难被传染；那些长时间从事脑力劳动，生性孤僻，喜欢窝在山洞里的居民比较容易被传染。但是，任何事情的发生都要讲概率，从事体力劳动的居民并非都自带免疫力，偶尔也会有一两个出现失眠、歇斯底里、闷闷不乐的疑似病例。

故而，森林居民总结出一条规律：从事体力劳动的居民，整日里流汗，毛孔舒张通畅，垃圾通过汗液排走了。病毒也是一种垃圾，所以，也会通过汗液排走。

真不知是哪位自以为聪明的居民发现了这一规律！

某天，这位自以为聪明的森林居民又从外面的世界捎回一个理论，这个理论异常"生猛"，以迅雷不及掩耳之势在魔法森林内传播，第二天，就成为"放之魔法森林而皆准"的"真理"。

这条"真理"是这样说的：每个森林居民的身体都自带"垃圾"。

什么是"垃圾"呢？

比如，先天遗传的悲观性格；

比如，愤怒、抑郁、焦虑的情绪；

比如，一段童年的创伤经历；

比如，持续的高强度压力；

比如，支持性人际关系的缺失；

比如，生活环境的巨变出现适应性困难；

比如，至亲的突然离世……

身体里的"垃圾"越多，抑郁症病毒就越容易着床。

故而，非感染者也需要提前清理垃圾。定期接受心理咨询，相当于接种心理"疫苗"，做心理"保健"。这样不仅可预防病毒感染，还能提高免疫力。

于是，那些感染者的家属、朋友也纷纷来到心理诊所门口看热闹，有的直接支付魔币挂号，有的见队伍排得过长就三五成群，在诊所外架起吊床和帐篷，来场人生中最难忘的野炊和露营。他们纷纷到心理诊所向考拉小姐挂黄牌号，接种心理"疫苗"，做心理"保健"，也就是倾吐垃圾，提高身体"抗病毒的免疫力"。

为了区分感染者和非感染者，考拉小姐将挂号牌分成两种颜色——红色和黄色。感染者挂红牌号，非感染者挂黄牌号。她发现：非感染者中和她一样害社交恐惧的居民还不在少数；还有每天强迫性重复洗手一百次的居民；因焦虑而患上神经性头痛的居民；夫妻吵架闹离婚的居民；总喜欢对亲人乱发脾气事后又后悔的居民；有的居民对20年前邻居骂了他的事情念念不忘；有的居民对1000年前，莫兹女妖出没的故事心生余悸，不敢一个人待在黑屋子里；有的睡觉不踏实，连续几晚做噩梦……

只是，排队的人群里，并没有那只怪鸟——公主怨小姐。

1. 垃　圾？

> **心理医生语录**
>
> 我非常珍视每位来访者的"心"事，就像珍惜森林里最贵重的松果一般，小心翼翼地对待每段"心"事。

心理诊所创建后，伏丽西医治好了很多感染"抑郁症病毒"的来访者，在魔法森林里的声望越来越高，受到广大森林居民的热爱。友好的森林居民视她为老师、朋友、知己、姐姐、母亲……

只是，热爱伏丽西的森林居民一直有个担心：伏丽西医生整天接触病毒，她自己会不会被传染？

魔法电视频道的主播最近在一栏热播节目《扪心问诊》里说：

"最近一段时间，'垃圾排完了吗？'成为很多森林居民见面的问候语，其使用频率已经超过了'冬天你捡到吃的了吗？'。但是，如果每个人都向心理医生伏丽西倾倒垃圾，伏丽西就成了垃圾桶，她是否会感染病毒呢？让我们连线正在心理诊所排队的记者……"

前几天，伏丽西已连续接受了16位记者的采访，在采访中，她反复说：

"很多人都认为我就在被动地承受来访者倾倒的'垃圾'，担心我会成为一个垃圾桶，担心我某天会感染病毒，会突然做出疯狂的事情。但是，我想说，'垃圾'这一词本身就是对来访者的不尊重，似乎，来访者的性格是垃圾，来访者的话是垃圾，来访者的情绪是垃圾，来访者的故事是垃圾……够了！如果这样说，我们每个人的内在都有无穷无尽的'垃圾'，我们每个人都是'垃圾'。魔法森林对心理咨询的认识太落后了！每位来我诊所的来访者，他们愿意把'心'袒露给我，把这颗'心'的隐秘故事袒露给我，要知道，这是他们最宝贵的东西。我非常珍视每位来访者的'心'事，就像珍惜森林里最贵重的松果一般，小心翼翼地对待每段'心'事。"

"居民们把垃圾倒给了你，他们自己的垃圾少了，你的垃圾就多了，你如何倾倒你内心的垃圾呢？如果垃圾一直不清理，据说很容易感染抑郁症病毒。你觉得你会感染病毒吗？"对面的记者土狼一号发出一串连珠炮式的提问。

伏丽西被问得失语了，显然，土狼一号完全没听懂她在说什么。在土狼一号眼里，普及正确知识根本就不是目的，捕捉热点发头条才是唯一重要的事。土狼一号甚至暗暗盼望，某天，伏丽西因内心"垃圾"无法排放也感染了"抑郁症病毒"，心理医生成了重度"感染者"，一定是条爆炸性新闻。如果这条爆炸性新闻被他捕捉到并首发，他一定能打败鬣狗二号，成为新一任台长的竞选者。

"我再说一遍，我内心没有垃圾，来访者也从没有向我倾倒过垃圾，他们送给我的是最贵重的松果，我心里只有被信任的感动和爱，同情、慈悲、关怀和责任感都是爱，不是吗？这不是心灵鸡汤，这是心理医生的自我修炼。有时候，我会有一些压力，但这些压力，一定与来访者的故事无关，我只是太想在最短的时间内帮助他们，与我的责任感有关。我觉察到压力后，会很快做出调整，放松身心。那么，你觉得我会感染抑郁症病毒吗？"

这回，轮到土狼一号失语了。

2. 偷　溜

第七天下午1点。

忙碌了一个上午的考拉小姐，正倚在窗边小憩，一串轻敲玻璃的声音中断了她那如面包圈一般香喷喷的午觉。

隔着半透明的蚕丝窗帘，考拉小姐看到，小女孩阿芙琳正向她比画手势。考拉小姐拔下柳树枝做成的插销，推开窗户。

阿芙琳踮起脚，凑近考拉小姐的小耳朵，悄声说：

"公主怨小姐不想被外面排队的居民看到，她想从窗户偷偷溜进来。"

另一个声音从阿芙琳小腿处传来，是抱着阿芙琳小腿累得气喘吁吁的灰兔夫人。灰兔夫人说：

"太奇怪了，这几天这只鸟儿身上一定发生了一些不可思议的事情，今天，她竟然主动提出要来伏丽西医生这里接受心理咨询。真不知道，伏丽西医生给她说了些什么。于是，我们就陪她一起来了。当然了，从我出生开始，我就是一个乐于助人的人，一个热心肠的人……"

阿芙琳打断灰兔夫人说：

"灰兔姐姐，你应该称她为公主怨小姐，她有名字。而且，我觉得你应该诚实地告诉伏丽西医生，你帮助公主怨小姐的目的是，你自己想早点离开魔法森林，不要老显得自己多高尚！因为公主怨小姐说，在这个魔法森林里，只有她一个人知道逃出去的方法，但是，自她生病后，她遗忘了很多事情……"

"好啦好啦，小妹妹，不要老教育我了，我猜你一定有个喜欢指责人的妈妈，你看你自己，双手叉腰，跟个中年妇女一样。虽然我没见过你妈妈，但是心理学说，女儿都受母亲影响，我说得对吗，考拉小姐？"

灰兔夫人咬牙跺脚，一副得理不饶人的样子。

被戳到痛处，阿芙琳气得小脸通红，她立马还击，与灰兔夫人吵了起来。

她们的声音越来越大，考拉小姐担心排队的居民们会听到，竖起食指在唇边"嘘"了一声，低声说：

"好啦，别吵了！公主怨小姐在哪里？我怎么没看到她？"

阿芙琳和灰兔夫人不约而同回过头。背后，没有人影，准确地说，没有鸟影。

诊所的小隔间，树屋心斋里，伏丽西与公主怨小姐相对而坐。刚才，公主怨实在忍受不了阿芙琳和灰兔夫人的斗嘴——她们经常这样斗嘴——一眨眼工夫，她在诊所后院绕了两个圈，绕到心斋窗台下，拉响窗外的藤萝挂铃，待伏丽西一推开窗户，就将自己粗笨的身体挤成一长溜，像泥鳅"滋溜"一下钻了进来。

3. 裂　缝

> **心理医生语录**
>
> 心理咨询时，让来访者描述内心感觉和身体感受是很重要的步骤，会大大提高来访者的自我觉察能力，提高他们抵御抑郁症病毒的能力。

第一次心理咨询结束后，她的生活开始转变了。

为了凑足咨询费，灰兔夫人提议，三个人一同采集松果，集满后拿到魔法银行去兑换魔币。阿芙琳却口口声声坚持：遵医嘱！公主怨务必亲自找寻松果，还得自个儿到魔法银行去换取魔币。

她俩争执不下，一时半会儿消停不下来，吵得公主怨不得不离开空心树，躲到森林中央的乱石堆里。

从小听惯父母吵闹的孩子长大后最听不得他人争吵。

说来也怪，乱石堆这里，石头夹缝处竟然藏了好多好多松果，公主怨轻轻松松完成了采集任务。

接下来，公主怨必须自己到魔法银行去兑换魔币。

在魔法银行门前徘徊了一个小时后，为了增加一点"轻生"的勇气，她终于按响门铃。一个猎人打扮的男人手提一杆秤走出来，称重后，又清点松果个数，之后，转身回去，捧了两张印有"红城堡学院"照片的百元大钞递给公主怨。

接过魔币，走回空心树，一路上，公主怨恍恍惚惚，如入梦境，她已经把自己封闭了好久好久，100年，500年，或者1000年？她记不清了，自从开始憎恶这个世界，她就不愿意再走出空心树，直到灰兔夫人和阿芙琳意外闯入她的生活。

万万没想到，重新走出来，并完成自己以为"不可能达成的目标"竟如此容易，事情竟进展得如此顺利。公主怨心里开始出现异样的感觉，脑子里闪现乱七八糟的画面。好几次，这些异样的感觉差点迫使她忘记自己是一个"将死之人"，忘记自己是一个想增加"轻生勇气"之人。她不再用嘴啄石头把嘴啄得鲜血淋漓，也不再用头撞树，不再拔身上的羽毛。

"不对劲，整件事都在失控，朝一个未知的方向发展！伏丽西医生，整件事情太不可思议了，太奇怪了！本来，一个知道自己快死的人不会三番五次地来找医生，只是，我这些天轻生勇气非但没增加，反而还出现一些莫名其妙的感觉。而且，脑子里控制不住地蹦出一些乱七八糟的画面。"

公主怨一边说，一边从怀里掏出200魔币，重重地拍在半截树桩锯成的小圆桌上，说：

"对了，两次咨询费。"

她的声音比上次会面时要响亮了很多，虽然也是个小女孩的声音，但稚嫩味少了，像长大了好几岁。

她的眼神里有一丝丝埋怨、不解。虽然刚才那一拍，听起来像是愤怒情绪的爆发，但她并非有意。可能刚才掏钱的姿势费了她很多力气，她一挥巨膀，身体被一阵风带过，脚底不稳，重心失衡，便在小圆桌上"掷"出了"啪"的一声。

伏丽西从咨询椅上探出身子，表情严肃，语气和缓：

"所以，公主怨小姐，你现在的感觉是疑惑、怀疑、不解，你还觉得被欺骗了。"

公主怨抖抖翅膀，歪着头想了想，说：

"好像有一点吧,太奇怪了,当你说这句话的时候,我就又体会到那种莫名其妙的感觉了。"

说话时,公主怨瞅瞅四周,看到她身后的草甸躺椅,她往后退了一步,翘翘尾巴,坐了上去。看起来,她这次准备来一个长长的会谈。

"这种感觉从来没有出现过……准确地说,是很长很长时间都没有出现过了。如果真出现过,应该是在我很小的时候。"公主怨说道。

"这是一种什么感觉?你能用几个词语来描述吗?"伏丽西再次轻声问道。

伏丽西心里很清楚,上次的心理咨询已经在公主怨心里播了一粒小种子。这几天,这粒小种子生根了,此刻,它正试图挤破外壳,奋力发芽。

公主怨说:

"如果我能找到词语描述,我就不会这么难受了。这种感觉实在烦扰我,我百思不得其解。"

"那你能用一个比喻句来形容吗?这种感觉像什么?你可以把手放在心脏处,去感受你的感觉,它像什么?"伏丽西问。

心理咨询时,让来访者描述内心感觉和身体感受是很重要的步骤,会大大提高来访者的自我觉察能力,提高他们抵御抑郁症病毒的能力。所以,伏丽西会不厌其烦地引导来访者体会、觉察、领悟并描述自己的感觉。最好的方式是,引导来访者用一系列情绪词汇来表达他们内心复杂而微妙的感觉:诸如,我觉得有挫败感,我觉得被忽视,我觉得有点愤愤不平……但是,如果来访者没有掌握那么多情绪词汇,或者说,任何说出口的词语,较之内心的感觉都词不达意,咨询师不妨让来访者用比喻句来形容他内心的感觉。

在伏丽西的指导下，公主怨闭上眼睛，将翅膀放在自己的心脏处，努力体会这奇怪的感觉，同时搜肠刮肚地寻找比喻句。

几分钟后，她睁开眼，说：

"找到了。这种感觉像是，我的心裂开了，有条深深的缝，但是并不痛，而是痒痒的，因为缝很深，所以心里还有点空的感觉。对，就是这种感觉。"

此时，伏丽西也在共情公主怨的感觉。

公主怨在描述时，伏丽西想象出一个奇特的画面：一颗扑通跳动的心脏，上面一条深而宽的黑缝，就像地震之后留下的地缝，地缝两边还结着血痂。此时，伏丽西正站在"黑缝"边往下瞅，她不确定里面有什么，但是，她会跟着公主怨一起探索。

此刻，伏丽西极力克制内心的激动，她让公主怨看到了"心"，感受到了"心"。这一刻，公主怨不再是"空心人"了（"空心鸟"一词更恰当）。试问，世间有多少空心人？无意义、无希望，盲目地生和死。

如果说，心理咨询是一场精彩纷呈的舞会，那一定是一场"与心共舞"的舞会——心，是希望，是意义，是流动变化的情感——哪怕它伤痕累累。

这颗伤痕累累的心，承载了什么故事？

4. 珍 惜

> **心理医生语录**
>
> 你愿意向我描述你心里最真实的感觉，是对我的信任，我会珍惜这份贵重的信任。

许多记忆，如放电影般，在伏丽西脑海里一帧帧闪过。她迅速调整自己的思绪，把视线停留在公主怨的黑眼睛上。那双没有眼珠的黑眼睛，此刻竟闪着细微的亮光。

伏丽西说：

"公主怨小姐，谢谢你让我看到你的心，谢谢你向我袒露了你的心！"

"我……我只是在描述那种奇怪的感觉，奇怪的是，我说了之后，那种感觉就没那么强烈了，我心里要舒服一些。"公主怨歪歪头，有些纳闷。

"你愿意向我描述你心里最真实的感觉，是对我的信任，我会珍惜这份贵重的信任。"

伏丽西盯着公主怨的眼睛一字一顿地说道。

她的眼神很真诚，没有半点虚假和敷衍。这是她发自肺腑的话，她要让公主怨知道。

"信任？信任？你说我信任你，你会珍惜。"

公主怨像发现新大陆一般露出好奇的神情，眼睛里的光又亮了一点。她接着说：

"信任的感觉我已经好多年都没有过了，或者说，我从来没有对谁有过信任，但是，你说我信任你。当你这样说的时候，似乎我也发现我有点信任你了。我甚至也很好奇，我为什么会对你说这么多话，我好久没有对人说过这么多话了。"

伏丽西说：

"你在我这里，你觉得安全、放松，所以，你愿意去体会和分析你的感觉。你觉得我和别人不一样，你想让我更多地了解你。所以，你愿意向我描述你的感觉，这样一来，你也会更多地了解你自己。"

公主怨似懂非懂，但有一点她懂了，此时此刻，她真的有一种安全和放松的感觉。自从她进入心斋，自从伏丽西让她去体会内心的感觉，用比喻句去描述她的感觉，她的安全感和放松感就一点点多了起来。这种安全感和放松感让她舒适，也让她陌生，甚至有一点惶恐：自己会不会因为这一点点安全和放松而继续眷恋这"可恶"的世界？

最终，西风压倒东风，惶恐战胜了安全和放松的感觉，公主怨想了想，决定否认伏丽西的判断：

"不，这回你错了，我是来解决问题的。我并未感觉安全和放松，因为你并没有增加我轻生的勇气，也许，你还留了一手，我想要真正的答案！"

5. 矛盾心理

> **心理医生语录**
>
> 拒绝改变的天性、拒绝被他人改变的自我保护意识和"因病获益"律，让所有来访者都被一种想改变又怕改变的矛盾心理裹挟，身不由己。

心理咨询初期，绝对不适合与来访者"斗智斗勇"。心理医生要是想在智商上碾压来访者，只会让心理医生个人的虚荣心得到单方面满足，却会吓跑来访者。

心理咨询初期，是建立信任与合作关系的关键期，并且，信任与合作的关系应该贯穿整个心理咨询过程；进一步说，咨询师与来访者信任与合作关系的好坏，直接关乎心理咨询的效果。

从人的本性来说，我们都是拒绝改变的，尤其拒绝被他人改变，这一点在魔法森林中尤为突出。因为，"因病获益"律在魔法森林里盛行已久——虽然，感染抑郁症让你痛苦，但同时，也给了你一些特权。想想，你小时候为逃学装肚子疼，为逃避家长惩罚装头疼，那时候你就懂什么叫"因病获益"律了。所以，森林居民一方面主动求助伏丽西来医治他们，一方面又对被治好、被改变后的生活有些许担忧——改变，意味着平衡被打破，不能再"因病获益"，不能再成为众人照顾的"小孩子"了。所以，但凡来访者察觉到心理医生有一丝一毫主动改变他们的意愿，无论通过眼神还是言语，他们灵敏的鼻子会立刻嗅出危险，筑高警惕墙。

总而言之，拒绝改变的天性、拒绝被他人改变的自我保护意识和"因病获益"律，让所有来访者都被一种想改变又怕改变的矛盾心理裹挟着，身不由己。

这也是为什么心理咨询必须付费的重要原因：当森林居民拿着几百魔币主动来寻求帮助，当他们意识到，这是一个他们付出了很多代价——找松果、兑换魔币、预约、排队，排队时的蚊虫叮咬，日头暴晒——才获得的医治机会，他们对改变的抵触会弱化很多。

但是，弱化不等于消除，他们那种想改变又怕改变的矛盾心理依旧会贯穿整场心理咨询，弗洛伊德用了一个术语，叫"阻抗"。

化解阻抗心理最好的方法是，不与来访者较量、辩论、说理，而是试图去理解他所有的怪异心理，在方方面面与之共情。

伏丽西站起来，走到公主怨跟前，俯下身子，凑到她耳边，轻声说道：

"看上去，你的身体很安全和放松，你看，你浑身的羽毛都垂下来，你身上的肌肉都松弛了下来。但是，你的心在提醒自己，要警惕，要绷紧，不能轻易相信伏丽西医生。"

所以，听到公主怨小姐先前承认自己有点信任心理医生，随之又矢口否认，伏丽西并未与之辩论，却与公主怨的身体感觉共情，与她的矛盾心理共情。

6. 找寻松果

> **心理医生语录**
>
> 当我们寻找内在的感觉和故事时，就是在找寻那颗最珍贵的松果。

公主怨满以为刚才的否认和对抗会让伏丽西尴尬，进而中断关于信任的分析。但是，经伏丽西这么一说，她又开始注意自己的身体了。她往下看看自己的脚掌，每个脚趾悬空摊开，羽翼丰满的臀部重重地倚在草甸椅背上——如果她在树梢上保持这个姿势，铁定会两脚朝天摔个铩羽暴鳞——此时此刻，她的身体确实是安全和放松的姿态。最要命的是，刚才，她内心的想法与伏丽西的话如出一辙，她不断提醒自己：不要相信伏丽西。

公主怨想继续否认，想继续口"非"心"是"。但是，一股强烈的情感如岩下温泉在她心里沸腾，涌进她的眼眶，她干燥的眼角像突然长出了泉眼，涌出滚烫的泪水，"啪嗒啪嗒"落在她如牛蹄一样的脚掌上。

公主怨在大脑里准备好一大堆她熟稔的"台词"：不要试图说服我接受帮助，否则我就离开，没有人能帮我，这个世界不值得信任！但是在张嘴一刹那，脱口而出的却是另一番话，似乎未经喉咙，直接从心里迸出来似的。

她强硬的理性像一只斗败的公鸡在不可遏制的情感面前败下

阵来，垂下了鸡冠。

"太丢人了，我竟然流泪了，我以为我从来不会在陌生人面前流泪。你说得对，我不愿意相信你，或者说，我害怕相信你。但是，你又是怎么知道的？而且，你说的每句话都击中我的心，要说你引用了什么金句或鸡汤文，似乎也没有，但是我就是有被击中的感觉。这种感觉很奇妙。"

伏丽西也感到眼眶潮湿，她长长地吁了一口气，刚才那股攒足劲憋在胸口的提心吊胆，随着吁出的这一口吁气，消失了。

她知道，心理咨询开始了。

公主怨的泪依然止不住地流，这是很多来访者在心理咨询初期共同的现象。他们形容，流泪的感觉是久旱逢甘霖，是枯木逢春，是春回大地。

压抑在身体里的万千情感，愤怒、悲伤、委屈、无望，一旦被"理解"的触须触碰，就像与外界接通了电流，身体马上动用万千细胞来表达情感——此刻，最适合的表达，就是眼泪。

伏丽西在等待。

心理诊所里一片静默，如白雪压城般肃穆。

过了许久，伏丽西轻声说：

"公主怨小姐，你知道一个人最宝贵的东西是什么吗？是袒露的心和真诚的泪。刚才，你向我袒露了你的心，现在，你流下了真诚的泪。这是你送给我最宝贵的礼物，我收到了，非常感谢。"

公主怨小姐的泪水越淌越多，她本以为，双眼早早成了两口干枯的泉眼，此刻，胸口的万千情感，那汩汩流淌的温泉，与地下洪流汇合，汹涌澎湃起来。她不再用翅膀捂面，反而微微扬起头，让泪水沿着腮帮的羽毛肆意奔流。

有一点，她很确定，这不是悲伤的泪。被"理解"的触须触碰后，内心那奇特而陌生的感觉不可名状，她觉得呼吸舒畅，身体轻盈，头脑通透，她不再纠结到底发生了什么，反而有点享受这一刻，想让时间在此刻定格。

公主怨说：

"我以为，我心里的那些东西，都是给别人带来负担的垃圾，或者说，我以为，我活着本身，就是所有人的负担。但是，你说，我的心、我的泪是宝贵的……这种观点我闻所未闻，我试着说服自己不要相信你的话，但是我却控制不住我的眼泪。而流泪的感觉竟然不糟糕，应该说，流泪的感觉很棒！"

伏丽西说；

"总有一些对心理咨询一知半解之人，喜欢把我们的感觉和故事说成是应该被处理的'垃圾'，让我们在承受内心痛苦的同时，又对自己的痛苦感到自责和愧疚，为自己身体里有这么多垃圾而自责和愧疚。从现在开始，我要将'垃圾'一词改成'松果'——魔法森林里最珍贵的果子，当我们寻找内在的感觉和故事时，就是在找寻那颗最珍贵的松果。亲爱的公主怨小姐，你愿意带我去寻找你'感觉'的松果吗？"

"怎么找?"

公主怨有些迫不及待。

"刚才，你说，你的心像裂了条缝，你愿意往缝里看看吗?"伏丽西试探道。

7. 心 桥

> **心理医生语录**
>
> 只有当来访者觉得，无论我说什么、想什么、做什么，都可以被理解、被尊重、被接纳时，他才愿意去感受自己的"感觉"。

公主怨配合地闭上眼睛，深吸一口气，再慢慢吐出。她嘴角的羽毛挂着几滴泪水，像清晨晶莹的露珠。

许久，她睁开眼，说道：

"刚才，我像做了一个梦。梦里我走进了那条深缝，里面好像有一片森林，我看到，森林里盛开了一朵花，紫色的，很小，是那种不起眼的小花。"

她停顿了一会儿，又接着说：

"啊呀，这几天那些乱七八糟的画面又出来了，那朵花变成了小女孩，旁边还有一个怪异的男人，他们在海滩上。"

"这是一种怎样的感觉？"伏丽西问。

"有点害怕、紧张，又很好奇、尴尬，还有一点迷茫。"公主怨一口气说出了很多情绪词汇。

伏丽西满意地点点头。

当来访者能够用情绪词汇去标注他的感觉时，说明他已经不再把"感觉"当成"垃圾"。伏丽西知道，她已经为她和公主怨之间，创设了一种"安全、信任"的咨询氛围：公主怨会感觉越来越放松和安全，她会相信，无论在心理诊所说什么、想什么、做什么，都能被理解、被尊重、被接纳。

只有当来访者觉得，无论我说什么，想什么，做什么，都可以被理解、被尊重、被接纳时，他才会有一种暴风雨停息后小鸟归巢的安全感，他才会有一种天敌在前小鸡被母鸡羽翼遮蔽的安全感。这时，他才愿意更多地去感受自己的"感觉"，愿意更多地去体会自己的"感觉"，愿意更多地去觉察和领悟自己的"感觉"，愿意更多地去描述自己的"感觉"。因为，他相信，无论他说什么、想什么、做什么，暴风雨都打不垮他，天敌也伤害不了他。

一旦来访者开始用语言架起了一座通往自己内心感觉的桥梁，他的心就向世界打开了一扇窗，他开始允许阳光透过窗户，照进黑暗的心房。

伏丽西说：

"公主怨小姐，你做得很好。今天，我们的咨询时间到了，我们谈了很多内容。等你回到空心树，你还愿意每天抽时间看看你的心吗？"

"我试试吧。"

公主怨点点头，接着问：

"难道你对这几天发生在我身上的事情一点都不感兴趣吗？难道你不想知道我经历了什么故事吗？我也偶尔看看《扪心问诊》，似乎心理医生都会让病人不断说自己的故事。但是，伏丽西医生，你的咨询方式真的很特别。"

如果伏丽西像一把小提琴，公主怨的这番话，无疑就像小提琴奏出的乐章，和音，共鸣，回响。

她的这番话表明她愿意参与到心理咨询中来，她在对伏丽西的咨询方式表示好奇，她在对心理咨询的技术和手段表示好奇。

"作为心理医生，我会为每位来访者创造独一无二的咨询方式。如果你愿意讲你的故事，下次咨询，我洗耳恭听。"

伏丽西很确定，公主怨一定会再来。

公主怨抖抖羽毛，步履轻盈地走出心理诊所。只见她双脚一蹬，翅膀张开，缓缓飞上天空，慢慢地消失成一个小黑点。

魔法心理小课堂

1. 心理咨询中的"信任与合作"

心理咨询初期，是建立信任与合作关系的关键期，并且，信任与合作的关系应该贯穿整个心理咨询过程；进一步说，心理咨询师与来访者信任与合作关系的好坏，直接关乎心理咨询的效果。

2. 心理咨询中的"因病获益"律

抑郁让你痛苦，但同时，也给了你一些特权，那就是因病获益的特权——被关注，被照顾，被呵护，不用上学，不用上班，不用承担责任的特权。生活中这样的例子很多，小时候为逃学装肚子疼，为逃避家长惩罚装头疼，这就是"因病获益"律。

3. 阻抗

拒绝改变的天性、拒绝被他人改变的自我保护意识和"因病获益"律，让所有来访者都被一种想改变又怕改变的矛盾心理裹挟。这种想改变又怕改变的矛盾心理依旧会贯穿整场心理咨询，弗洛伊德用了一个术语，叫"阻抗"。化解"阻抗"心理最好的方法是，不与来访者较量、辩论、说理，而是试图去理解他所有的怪异心理，在方方面面与之共情。

第五章
观　心

> 怒火被压抑，被强制熄灭，剩下一堆黑色的灰烬和残余的火星子，进而陷入深深的自责、愧疚、后悔与无来由的悲伤，心理学家称之为"抑郁"。

冰雪正在消融。

这几天，阳光和煦，白云悠悠。魔法森林的居民纷纷走出家门，享受冬日暖阳，孩子们在林间追逐嬉戏，大人们懒洋洋地在家门口聊家常。平日里异常宁静的魔法森林，此刻多了一些柔软而生动的嘈杂声。

这些柔软而生动的嘈杂声，吸引了空心树的主人和访客。清早，阿芙琳和灰兔夫人就出门采蘑菇去了，此时，公主怨小姐也走了出来。这些天，阿芙琳每天都会从森林里带回几朵明艳的小野花斜斜插在她黑亮的鬓角上，宛如在黑珍珠上镶嵌了一粒彩钻。

1. 种 子

> **心理医生语录**
>
> 我们人，对痛苦也会上瘾。

今天，公主怨头戴一朵多瓣的紫色幸运花走出空心树。

阳光的羽翼轻轻抚弄她粗笨的脖颈，一股酥麻的热流穿透她的身体，她的嗅觉似乎变灵敏了，她竟然闻出混杂在青草芬芳中的阳光的味道。

这些天，伏丽西的话如一粒顽强的种子播入肥沃的土壤，以异常顽强的生命力破壁、发芽，公主怨每天都在思量这些带有种子力量的话语。

"看看你的心！"

公主怨闭上眼睛，想象她的心：心里那条深缝还在，里面似乎有一条深不见底的隧道，隧道尽头，似乎有一点光亮，又似乎没有。不知咋的，离开心理诊所后，公主怨不太敢独自一人钻进深缝，她有点渴望伏丽西的陪伴，渴望她的鼓励，渴望她关切而坚定的眼神。

她渴望再次见到伏丽西。

心理诊所。这些天，伏丽西接诊完病人，结束一天工作后，她一定会抽点时间思考公主怨这个独特的个案。

一个极度抑郁的人，纵使轻生意愿强烈，但只要他还有一丝丝求救动机，这一丝动机就是他的一线生机。那天，在清醒的意识层面，公主怨似乎是为了增加轻生勇气才来见伏丽西；在混沌的潜意识层面，公主怨是为了寻得一线生机。她反复强调自己强烈的"死"之意愿,是想让懂她的人用她能接受的方式帮助她。

"求生"与"求死"两种本能动机相互争斗,在潜意识层面,公主怨选择了"求生"。只是,她的意识层面已经熟悉了"抑郁"情绪、"自我憎恶"的感觉、"创伤"故事和"自挫式"的信念,这种熟悉会带给她一种安全感与稳定感。换句话说,我们人,对痛苦也会上瘾。

2. 面 对

> **心理医生语录**
>
> 每个来访者都有不同的经验,当他被接纳和理解后,他会自主整合自己内在积极的、正面的、阳光的经验,让阴暗的、死沉的、痛苦的经验被掩盖,被转化。

这些天,关于公主怨在第二次咨询后还会不会再来的问题,考拉小姐已经问了伏丽西七次了。每次,伏丽西都不厌其烦地对考拉小姐解释说:

"她一定会再来的。只是,你要答应我,下一次她来,你不能再躲避,你要'面对'!你越躲,你就越恐惧,一旦你面对,恐惧就会消失。"

"伏丽西医生,我会努力说服自己'面对'。只是,你凭什么那么相信那只怪鸟……不,应该叫她公主怨小姐,你凭什么相信她会再来呢?"

考拉小姐舔完手上最后一块黄油,愣愣地问道。

"心理学大师罗杰斯认为,每个来访者都有不同的经验,当他被接纳和理解后，他会自主整合自己内在积极的、正面的、阳光的经验，让阴暗的、死沉的、痛苦的经验被掩盖，被转化。一旦出现这样的转化，来访者的自我改变的动机会越来越强，所以，我相信，公主怨一定会再来！"

说话间，藤萝门铃响了。

考拉小姐打开诊所大门。

外面，站着头戴"幸运花"的公主怨，她头顶秃掉的部位长出细细的黑绒毛，几天不见，她的羽翼丰满了不少。

"请进！"

考拉小姐哆哆嗦嗦地说，她把半个身子藏在门后，腿脚悬空，胳膊紧抱门把手，只露出半个毛茸茸的小头。

"谢谢你，考拉小姐。"

公主怨很有礼貌地说道，将自己硕大的身躯挤进半开半掩的藤萝门。

考拉小姐正想找个借口逃进厨房，猛然想起伏丽西的话：你越躲，你就越恐惧，一旦你面对，恐惧就会消失。她转过身，任凭惊恐的小鹿在胸腔乱撞，握紧拳头大吼一声：面对！一股热流从她脚底冲上头顶，有那么几秒，考拉小姐的恐惧完全消失了，她甚至敢直视公主怨的黑眼睛了。

只是，短短10秒过去，恐惧又来了，她忙不迭地钻进厨房。

面对需要练习，一次次面对，一次次增加战胜恐惧的信心。

公主怨走进心斋，坐到伏丽西对面。

还未等伏丽西开口，公主怨便抢先开启话匣子，她说：

"伏丽西医生，虽然我还不确定你是否能帮助我，但是，我很想给你讲讲我的故事。这些天，我一想起你的话，就有找人倾诉的冲动，就有一种想把我的故事告诉别人的冲动，尤其是，告诉你，我的心理医生。"

这次，公主怨的声音褪去了稚嫩，声音里有成年女性的端庄与和缓，最后，她将重音放在"我的心理医生"这串词组上，有意强调：我需要心理医生，此刻，伏丽西，你就是我的心理医生。

3. 那个夏天，一切都变了

> **心理医生语录**
>
> 任何时候都要去理解你的来访者，无论引起来访者轻生念头的事情在常人看来是多么微不足道，你都要去与之共情。

公主怨喝了口考拉小姐端上来的陈年普洱，开始讲述自己的故事，她说：

"我本来以为，我对这个世界已经没有一丝一毫的眷恋了，我本来以为，轻生是我唯一的出路。这么长的时间，我在抑郁的情绪里越陷越深，周围的人都帮不了我。"

公主怨来自外面的世界，用她的话来说，是一名流浪在地球的星族人。她身体里流淌着星族人的血脉，却生在离魔法森林一公里的湖泊小镇。在湖泊小镇，她读完小学和中学。

那时候，在湖泊中学就读时，一个叫莫兹的女生与她同级同班，她视莫兹为自己唯一的好友。有一年夏天，放暑假，她和莫兹相约去邻近的沼泽小镇旅游。这趟旅行，她计划了整整3个月。

让人失望的是，沼泽小镇的风光乏善可陈，整趟旅程也极其别扭。公主怨产生了一种奇怪的感觉，这一路上，她都在被莫兹控制着思想和行动,无论自己说什么、做什么,都会被莫兹左右。她还发现,莫兹既强势又自私,说话做事处处彰显自己的优越和与众不同。有一次,莫兹还当着同行旅客讥讽公主怨"笨拙的天真":"哦,你真是家里的小公主,傻得可爱,连蛐蛐和蝗虫都分不清!"

这趟不愉快的旅行成了公主怨人生小路的拐弯点,那种被人控制的感觉让她很愤怒。随之,她又对这种愤怒产生自责:我怎么可以对好朋友生气呢?也许,是我自己太懦弱。这种懦弱的感觉让她把愤怒转移给自己,她开始攻击和谩骂自己:你真没出息,为什么你分不清蛐蛐和蝗虫?为什么莫兹说的那个旅馆,你明明不喜欢,却不敢拒绝?为什么莫兹说话带刺,你不为自己申辩?你真没用!你是全世界最没用的人!

这件事之后,公主怨主动和莫兹疏远。

但是,那种对自己的自责和愤怒并未消失,甚至越来越多,她一度出现"轻生"的念头。

伏丽西很是困惑,公主怨口中的"莫兹"难道是自己的手下败将"莫兹女妖"?一千年前,伏丽西将其打败,逐出魔法森林,她正想问,公主怨帮她回答了这个疑问:

"在我们星族人那里,我们称所有我们讨厌的人,那些欺负过我们的,那些伤害过我们的,都叫'莫兹'!如同魔法森林称男人为'猎人',称动物为'居民'一样,我们就称这类人为'莫兹'!我生命中的莫兹,是个邪恶的女妖。从那一年夏天起,我就频繁遇见各种各样的莫兹女妖,她们干扰我的正常生活,搅乱我的人生。莫兹女妖毁掉了我的生活!"

伏丽西这才恍然大悟,此莫兹非彼莫兹也!她想了想,说:

"我明白了,自从那次旅游遇到了第一个莫兹,你就认为自己是一个懦弱、无能、被取笑、没出息的人,是一个对他人充满怨恨的人，你又为这种怨恨感到自责，你觉得一个善良的人内心不应该有怨恨，尤其是怨恨自己的好友。所以，你又认为自己不是一个善良的人。"

"是的，我是这样感觉的。"公主怨说。

"所以，你开始出现轻生的念头，因为你认为，一个懦弱的、无能的、没出息的、不够善良的人，不配活在世界上，所以，轻生念头像一颗种子，从那时开始，就在你心里播下了。"伏丽西说。

"是的，你说得对，就是那件事发生后，我觉得整个人都不对劲了，经常产生轻生念头，经常自我怨恨。"

"你能挺过来，真不容易。"伏丽西说道。

"今天，我终于把这件事说了出来。现在，似乎这件事对我的伤害变小了一点，真的，我似乎也不是我说的那么糟糕，是吗？"

沉默了很久，公主怨说。

4. 爆发的活火山

心理医生语录

情绪袭来，犹如火山爆发。一个人出现抑郁、焦虑、恐惧、轻生冲动，和你所经历的事件并没有太大关系，起决定作用的是你根深蒂固的自挫式信念。

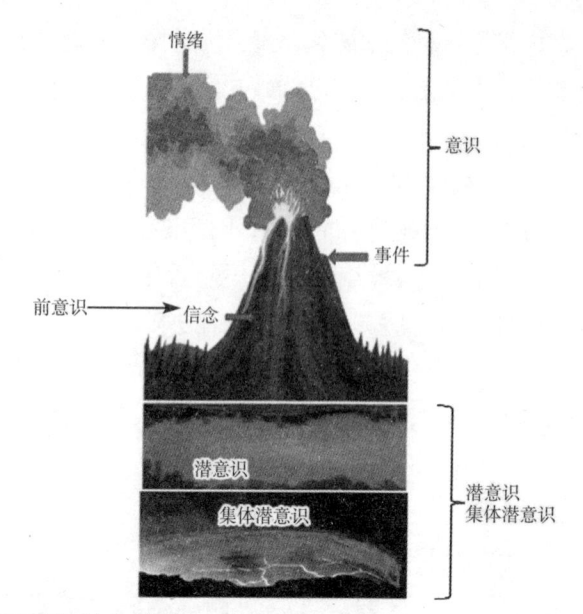

情绪 — 意识
事件
前意识 → 信念
潜意识
集体潜意识 — 潜意识 集体潜意识

伏丽西眼前仿佛飘过一座火山。

在亘古之初，魔法森林里就有关于火山的传说。传说在魔法森林的尽头，横亘着一排排连绵起伏的山脉。这些山脉中，有一座活火山。火山爆发时，可谓气势恢宏，一阵闷雷般的轰响从地心传到地表，整片森林都随之震动。瞬间，半边天被一道耀眼的红光照亮，"轰隆隆"的巨响震耳欲聋。日头暗下来，像被一只巨手挡住了光芒，世界一片灰暗。

整片魔法森林，只有伏丽西一人到过森林尽头，她亲眼见过一次火山爆发，那场面极其震撼，终生难忘。

当了心理医生后，那令人心悸的场景常常在她脑中闪现。如果将人比喻成一座活火山，那浓烈的情绪（抑郁、焦虑、恐惧、轻生冲动）就像火山口喷出的滚滚浓烟般的火山灰，把你呛得不能呼吸，你窒息，你觉得生不如死，你看周围的环境也是浓烟弥漫，灰霾厚重，黢黑一片，如世界末日，了无生机。

（1）意识

火山灰下面滚烫且伤害性极大的岩浆，就是引发你情绪的事件，如公主怨口中的"莫兹女妖"事件。这些伤害性极大的岩浆，灼伤你的皮肤，灼瞎你的眼睛，灼痛你的心。所以，公主怨认为，就是这些该死的岩浆，让她被滚滚浓烟般的火山灰戕害了数年——就是这些事件导致她出现严重的负面情绪，产生轻生冲动。她被"事件"伤害，被人伤害，被莫兹女妖伤害！

但是，对当事人伤害性极大的事件，在常人看来却是微不足道的小事，一般人绝对理解不了：这些小事，为什么会成为公主怨产生轻生念头的源起呢？

在心理医生伏丽西还是仙女伏丽西的时候，她也会对这个奇怪的问题百思而不得其解。阅读心理学大师著作，结合为森林居民做心理咨询的临床实践，伏丽西现在可以从心理医生的角度回答这个问题。这些答案，像仲夏夜舞动翅膀缓缓从河畔对岸飞来的一群萤火虫，你只需要知道它们在那里，静静观赏那团亮晶晶的美丽，而无须把它们一一捉住呈现给你的来访者——你无须将你的理解用理论的方式生硬地陈述给来访者。

答案便是，这些情绪和事件属于公主怨的"意识"层面。

我们能觉察到的情绪和能说出的事件都属于"意识"层面。所谓意识，是与人类直接感知有关的心理部分，它是个人现在意识到的那些事件、情绪。比如，考拉小姐意识到自己有"社交恐惧"；灰兔夫人意识到自己很想念丈夫，想回家；公主怨在心理咨询中，意识到自己有很多愤怒和自责的情绪。这么多年来，公主怨一直认为，这些事件导致她出现严重的负面情绪，进而产生轻生冲动。

只可惜，事实并非如此。

（2）前意识

回到那座火山。看得见的岩浆只是喷出火山口的一小部分,大部分岩浆都堆积在火山脚下,蠢蠢欲动。这部分"看不见"的岩浆就是公主怨的"信念"。这些信念由来已久,诸如:我是一个懦弱的、无能的、没出息的人,我是一个对他人充满怨恨的人,我是一个为这种怨恨感到自责的人,我是不配活在这个世界上的人。这些信念属于公主怨的"前意识"层面。

所谓"前意识",也是意识的一部分,只是平常比较难以察觉或没有意识到的一些事件、经验、情绪,但经过回忆和咨询中的分析探讨,能回想并意识到。在弗洛伊德看来,前意识处在意识和潜意识之间,它是可以召回来的部分,也就是可以回忆起来的经验。

例如,阿芙琳对儿时发生的事情记忆模糊,感觉是自己一个人孤孤单单长到现在,这段时间和灰兔夫人朝夕相处,她突然回忆起来,在儿时曾经有过一个很好的玩伴,只是后来两人失去了联系。阿芙琳的这部分回忆,就属于"前意识"层面。

(3) 自挫式信念

每个人的人生信念,是前意识中很重要的一部分,人有积极的信念,有消极的信念。其中,最消极的一类信念被称作自挫式信念,这类信念让人彻底否定自己,觉得自己是彻头彻尾的失败者。久而久之,人会形成一种自挫性的思维惯性,认为自己天生就是失败者,一无是处,毫无未来。

认知疗法认为,自挫性的思维惯性,是抑郁症的根源。

常见的自挫式信念有:

我做不到……

我还不够优秀……

我没有信心……

我不具备……

我一定会失败……

公主怨在心理咨询时，意识到自己有太多自挫式信念。从那一刻起，这些自挫式信念从前意识层面上升到意识层面，成为她能意识到的感觉、思想、念头的一部分。

自挫式信念从前意识层面上升到意识层面，对个体的伤害会减轻很多，就像一个在黑暗里摸索前行之人，突然看到曙光——你会眼前一亮，有豁然开朗之感。

所以，公主怨在听到伏丽西的反馈后，觉得事件对她的伤害似乎变小了，感觉"我似乎也不是我说的那么糟糕"。

回看"火山理论"，因果关系是这样的：一个人先产生了前意识里的信念——堆积在火山脚下的看不见的岩浆，才会经历伤害性极大的事件——喷出火山口的岩浆，然后，这个人就体验到了严重的负面情绪——岩浆最上层的火山灰。

换句话说，堆积在火山脚下的看不见的岩浆积累到一定程度，总会爆发——那些自挫式信念积累到一定程度，也总会引发相应的事件和情绪。

从理论上说，如果不是暑期旅游，如果莫兹不出现在那个时间点，公主怨也会被另外一个女生或另外一件小事触发她那火山脚下看不见的岩浆——自挫式的信念。

所以，为了让公主怨理解"火山理论"，但又不让心理咨询成为生硬的理论说教，伏丽西这样说：

"情绪袭来，犹如火山爆发。一个人出现抑郁、焦虑、恐惧、轻生冲动，和你所经历的事件并没有太大关系，起决定作用的是你根深蒂固的自挫式信念。"

5. 地幔与地核

> **心理医生语录**
>
> 当代心理学普遍认为,人的言谈举止90%以上是受潜意识里看不见的动力驱使的。

很多年后,伏丽西再次踏上寻找火山之旅。

她又看到那一排排高大巍峨、连绵起伏的山脉,那座世界上最神秘的火山就藏卧在此。天遂人愿,三天三夜,她不仅寻见了火山口,还沿着火山口下到火山底部,验证了地理学家们的说法——火山底部,还有一个广阔而奇异的新世界。

(1) 潜意识

如果把人比喻成一座正在爆发的活火山,在"信念"岩浆下面,还有"潜意识"地幔、"集体潜意识"地核。

所谓潜意识,是潜伏在人心理深处、人们意识不到的,在正常情况下也体验不到的一种精神活动。潜意识里有我们最原始的生命力,也有不容于社会的各种各样的本能和欲望。人在清醒的情况下,潜意识很难进入意识领域。因此,潜意识成了人原始的生命力、本能欲望,以及被压抑的情感、意象的储存库,它具有强烈的心理能量,总是伺机渗透到意识领域,以求得满足,从而构成人类一切活动的总源泉。

梦,就是潜意识赤裸裸的表达。

当代心理学普遍认为,人的言谈举止90%以上是受潜意识里看不见的动力驱使的。很大一部分潜意识由大量晦涩难解的思想、朦胧含糊的表征、模糊不清的意象组成,尽管它们未被我们意识到，但它们却持续影响我们的意识心理。

弗洛伊德认为，当一个人的自我不够健全时，他的人格就会被潜意识控制，而做出许多非理性、互相矛盾的行为。

心理咨询中，伏丽西要做的不仅是分析和修正公主怨的信念，还要深入她的潜意识，了解她在早年经历了什么、遗忘了什么。了解她的梦境，了解她深层的欲求、被压抑的情感和渴望，被遏制的原始生命力，以及早年就已经形成的情绪反应模式和行为模式。在公主怨的潜意识层面，一定有引发她自挫式信念的欲求，被压抑的情感、渴望、意象等。

如果把人比喻成一座活火山，伏丽西要探究的不仅仅是火山口和岩浆，更要探究火山的地幔（潜意识）和地核（集体潜意识），去搅动火山底部的"地幔"和"地核"。

（2）集体潜意识

处于"地核"的集体潜意识和个人潜意识的区别在于：它不是被遗忘的部分，而是我们一直都意识不到的东西，是人类祖先进化过程中，集体经验在心灵底层的精神沉积物，处于人类精神的最低层，为人类所普遍拥有，由全部本能及其相关的原型组成。

集体潜意识是人类精神中最重要和最有影响的部分，对个体的思想行为和创造力起制约作用。虽处于潜意识的最底层，但无时不在寻求表现，会通过宗教、神话、艺术、梦幻、象征等表现出来。

自心理学家荣格提出"原型理论"后，心理学家逐渐发现，很多抑郁严重的来访者，其潜意识里（梦境或催眠状态）都有"鬼""死神""恶魔"或者其他一些具有毁坏、邪恶力量的原型。如果这个原型在潜意识里有很大的能量，来访者就会产生轻生冲动。这些原型就属于集体潜意识层面，与人类的"死本能"

有关，是人类祖先进化过程中，集体经验在心灵底层的精神沉积物。

心理咨询的目的，就是通过搅动"地幔"和"地核"，疏导火山热能，使火山可以每天正常释放地热。这样一来，岩浆就不至于积累到一定程度，突然来个毁灭性的大爆发。

这，需要漫长的时间。

6. 我终于说出来了

> **心理医生语录**
>
> 情绪被共情到，来访者感觉安全、放松、信任和被理解，他才愿意告诉心理医生和情绪有关的事件。

讲到这里，亲爱的读者，你或许才明白，为什么作为心理医生，伏丽西会无论任何时候，都要去理解她的来访者，也无论引起来访者轻生念头的事情在常人看来是多么微不足道，她都要去与之共情，去感受彼时彼地来访者所经历的一切，去感受那些微不足道的小事带给她的伤害性极大的痛苦。

因为，只有这样做，才能转换来访者的情绪。

情绪被共情到，来访者感觉安全、放松、信任和被理解，他才愿意告诉心理医生和情绪有关的事件。此时此刻，心理医生需要格外小心！

也许，在很多人的想象中，像公主怨这样有强烈轻生念头的重度抑郁来访者，背后一定有常人难以想象的惨痛经历：得绝症，被虐待，经历恐怖事件，被父母抛弃，一连串断崖式的人身打击，被劈腿后失恋、失去至亲，等等。

很抱歉，让你失望了，心理诊所里没有那么多的电影情节，绝大多数如公主怨一类的来访者，引起其轻生念头的都是一些鸡毛蒜皮的小事。湖泊小镇里，经常有这样的新闻报道：某女性被婆婆误会，说她偷家里的钱，愤而跳楼自尽；某大学生，一次考试不及格，绝望透顶，投河轻生……

即便在魔法森林，引起松鼠小弟轻生念头的，是他某天与同桌争抢松果时，同学嘲笑他"腿肥尾大"，自此他不去上学了，想轻生；骡子伯伯，长达半年睡不好觉，不堪忍受失眠折磨，轻生念头一天比一天强烈；蓝精灵小妹，为挤牙膏从头挤还是从尾挤，拖鞋头朝外摆还是头朝里摆，常常和丈夫爆发激烈的争执，频繁出现轻生念头……

如果你理解了"火山理论"，你就能理解，引发他们强烈轻生念头和冲动的，看起来是生活中的一件小事，但是，其背后，都有根深蒂固的自挫式信念、潜意识里被压抑的渴望和痛苦，以及集体潜意识里一些具有毁坏、邪恶力量的原型。

有的学识不精、经验不足的心理医生听到这些小事，难免会失望，因为他们不理解来访者的深层潜意识，便习惯性地用自己的人生经验来判定来访者的经验。他很可能会这样反馈：这么小的一件事就值得你轻生，你怎么这么脆弱和敏感？我经历过魔法森林有史以来最残酷的战争、饥荒，我还没想过放弃生命呢！

这样反馈的结果是，你的来访者马上会弃你而去，因为你缺乏尊重、接纳与理解的态度，你会永远错失从事件去探索信念的机会、从信念去探索潜意识和集体潜意识的机会，你会永远错过帮助来访者的机会。

反之，当公主怨讲出这件埋藏在心里多年的小事时，伏丽西并未评判和轻视她，公主怨的感觉是：那些在我心里埋藏多年的痛苦被理解了，被接纳了。这时，她的痛苦就会自然转化，她开始自然而然地去整合内心积极、阳光的正面经验，并对心理咨询充满好奇，愿意与心理医生一起探索她的信念、潜意识和集体潜意识。

难怪公主怨会说：

"今天，我终于把这件事说了出来。现在，似乎这件事对我的伤害变小了一点，真的，我似乎也不是我说的那么糟糕，是吗？"

7. 天之骄女

> **心理医生语录**
>
> **当你选择用更积极的眼光看自己，你也就更能看清这个世界了。**

当公主怨抛出一句"我似乎也不是我说的那么糟糕"之后，她开始讲述自己更多的人生故事。

公主怨是星族人，生在湖泊小镇，至于是什么时候受困于魔法森林，她记不清了。

湖泊小镇有一座巨大的宫殿，那是公主怨曾经的家。她的父亲月亮王一度是星族人中家世显赫的一族，后来家世没落，成为垮掉的贵族，月亮王便自暴自弃起来。在族人的撮合下，父亲月亮王娶了星族人暴发户之女——大熊星[①]公主，生下了公主怨。

[①] 法国女作家贝阿特丽·白克的童话小说《小熊星》里的主人公。故事中，大熊星带着小熊星从天上走下来，到处要东西吃，最后还学会了捕鱼。她们后来遇上了猎人，为了保护小熊星，大熊星愿意付出自己的生命。

她的本名并不叫"公主怨",所有人都称她为"月亮公主",只有她称自己为"公主怨"。

公主怨的家庭并不幸福。在这个又冷又寂寞的宫殿里,父亲月亮王似乎在与母亲结婚前就心有所属,娶大熊星公主只因为门当户对。在她的记忆里,父亲从年轻到老,在外面交往过很多亲密的"女性朋友"。从小娇生惯养的母亲大熊星公主,怎受得了丈夫的非分之举?

从公主怨记事起,父母三天两头就为"女性朋友"的事争吵。他们吵架时精力旺盛,能就月亮王到底有多少个"女性朋友",有没有背叛大熊星公主这类事情,从天黑吵到天亮,从年初吵到年末,夜以继日,没完没了。

在父母的争吵中公主怨长大了,父母又开创了新的"吵架学"。吵架学里,包括但不限于"女性朋友",而是囊括了对父亲整个人的品头论足,例如,人品缺陷,作风污点,家道中落,家风不良,不讲卫生;囊括了对母亲整体的是非曲直,说话夹枪带棒,得理不饶人,心胸狭窄,歇斯底里,缺乏教养。

好在,公主怨童年时期有大熊熊外婆的陪伴。大熊熊外婆本来生活在天上,大熊熊外公生病后,外婆便离开大熊星到湖泊小镇生活。在公主怨的童年期,她一直和女儿大熊星公主住在一起。

公主怨和外婆最亲,和父母很疏远,和父亲更是很少说话。公主怨初长成时,外婆的儿子小熊星王子生下了大熊熊小弟,加之受不了女儿和女婿的争吵,外婆和外公就搬出了宫殿,搬回湖泊小镇的家。

此时,父母的婚姻正处在崩溃边缘,他们将"吵架学"改成"冷战学",家里终于清静了。

殊不知,冷战比吵架更可怕,宫殿的每块砖头上,都渗出一丝丝深入骨髓的凉意,让人不寒而栗。唇枪舌剑的止戈,才是寒夜的开始。

长到十五六岁,公主怨多了一个角色——父母之间的传声筒。她会满脸淌泪,从宫殿这头跑到那头,把父亲这几天的行踪报告给母亲,在墙角痛哭一会儿,再擦干眼泪,来到父亲的卧室,把母亲那些狠话再一字不落传给父亲。

母亲的狠话,如一把吹毛断发的匕首,常常把父亲扎得整夜唉声叹气,也深深扎在公主怨的心上,先是淌血,后是化脓,伤口迟迟不能愈合,最后勉强结了一层丑陋的血痂。

父亲月亮王,生在没落贵族家,一辈子想重振家威,奈何命运不济,终其一生,碌碌无为,到了中年,更是日暮穷途了。

父亲常常在宫殿后院伫立,一站就是一个通宵。作为星族人之后,他本应住在月宫。

曾经,众星捧月,而今……

较之众星,尤其与太阳王相比,他那枚黯淡无光的月,至多被几个落魄诗人当作酒后的闲谈吟唱、喻作缺憾美的象征。加之婚姻不幸,情场失意,父亲把人世间所有的期望都寄托在公主怨身上。

他对公主怨要求严苛,女儿从小聪敏过人,不负他望。湖泊中学毕业后,考上世界上最好的大学红城堡学院,成为星族人眼里的"天之骄女"。

讲到这里,月亮公主(从此,我们就称呼她的本名"月亮公主",不再叫她"公主怨")停顿了几秒,当她说出"天之骄女"一词时,黑眼眶闪过两道光芒。

接着,奇妙的事发生了,两片如小树叶的黑色片状物,从她眼眶里掉落出来,她的眼睛露出"原形":一双明眸——水汪汪的眼白里,藏着一对晶莹剔透的黑眼珠。

原来,她的眼睛蒙了两片薄薄的"黑幕",她的眼睛被"黑幕"遮蔽了真实形态。

"月亮公主，我很喜欢你的故事，我更喜欢你看自己的样子。"

这惊人一幕，让见多识广的心理医生伏丽西也着实吃了一惊，她定定神，突然明白了什么，于是，接着说：

"当你讲人生故事时，总会发现一点点亮彩，是吗？人生并不都是糟心事。回忆亮彩时，你会选择用更积极的眼光看自己，你的眼眸因此清澈，你更能从多个角度去看自己，你也就更能看清这个世界了。现在，你的感觉怎么样？"

"很奇特。"

公主似乎并不知道发生了什么，她说：

"刚才那一瞬间，这个世界由黑变灰了，虽然是灰色，但看起来比之前的'黑'让我更舒服。"

8. 再遇莫兹女妖

❋ 心理医生语录

心理咨询时，来访者讲述的故事内容并非重点，听来访者如何讲故事，用怎样的非言语表情讲故事，如何剪裁、选择、评论故事才是重中之重。

伏丽西终于能在心理咨询中，与公主做眼神交流了。

之前，公主的眼睛被"黑幕"遮蔽，伏丽西无法读她的眼神，进而透过她的眼神读她的"心"。

眼睛是心灵的窗户，人内心各种复杂细微的情感变动都会通过眼神流露出来，悲伤、喜悦、愤怒、憎恶。无论你如何口

"是"心"非"，无论你多想掩盖内心的怯弱，无论你用多漂亮的语言自夸，以抵消内心深深的自卑感，有经验的心理医生都会从你变幻多端的眼神里读出一切，如同星象师能从星宿的细微变化读出人世沧桑。

心理咨询时，来访者讲述的故事内容，并非重点，听来访者如何讲故事，用怎样的非言语表情讲故事，如何剪裁、选择、评论故事才是重中之重。

公主说到"虽然是灰色，但看起来比之前的'黑'让我更舒服"时，她的眼球往右下方转了转，伏丽西知道，她陷入了回忆。

又过了许久，公主轻轻叹了口气，说：

"'天之骄女'又怎样？红城堡学院又怎样？我又遇见了莫兹，她为什么阴魂不散，为什么总要让我遇见她？"

公主眼里的光彩消失了，她垂下眼帘，伏丽西注意到，她有着浓密纤长的睫毛。

上了红城堡学院，公主发现，自己不喜欢跟人交往，或者说，自己在人际交往上真的很笨拙。她把全部时间都投注在学业功课上，学习成绩一直是班上第一。每学期考完试，月亮王父亲都会收到一份捷报——女儿的成绩单。这时候，他已经和大熊星公主离婚了，独自住在月宫，娶了喜鹊夫人。

父母离婚后，父亲的夸赞会让公主开心一小会儿，但那种"天之骄女"的自豪感却越来越弱，最后彻底消失。她越来越不开心，她变得自卑、自闭。父亲对她的变化浑然不觉，只是一味在星族人面前夸耀公主优异的学业成绩。

为了改变人际交往上的笨拙，公主也做过很多努力。她加入红城堡学院的学生会，参加了很多社团活动，收看电视节目《扪心问诊》，用里面给出的方法去提升自信，还选修了学院的心理健康课，课下经常向任课老师请教问题。某一段时间，她以为自己已经走出了莫兹给她带来的心理阴影。

一晃四年过去了，公主从红城堡学院毕业，她和几位好友筹划了一次别开生面的毕业之旅。她们报了个旅行团，决定来一场"银河百日游"。作为星族人的后裔，公主出生和成长的地方都是湖泊小镇，去银河看看祖先的居住环境，是她怀揣多年的梦想。

不幸的是，这一次出游，公主又遇见了莫兹。

她本是公主的同学和好友，旅途中，她一直在左右公主的思想、行动，不时流露出高人一等的姿态：比如，她父母恩爱，父亲宠她，班上有很多男生追求她。

"在外面的世界，我们称所有我们讨厌的人，那些欺负过我们的，那些伤害过我们的，都叫'莫兹'。她是个女妖，这个女妖彻底毁了我，旅游回来后，我就像变了一个人。"

9. 从"月亮公主"到"公主怨鸟"

> **心理医生语录**
>
> 心理医生也有自己的感情，有爱，有怕，有冲动，有分心的时候，有精力耗竭的时候，有自己的性格弱点。

公主沉浸在对莫兹的回忆与控诉里。

伏丽西意识到，公主把自己所遭遇的一切不幸，都归因为莫兹的出现。她认为，正是莫兹事件，导致她出现严重的抑郁情绪，进而出现轻生冲动，所以，自己是受害者，莫兹是施害者。

伏丽西又发现了一些藏在公主前意识里的信念：都是别人的

错,我人生一切不幸都是别人造成的;所有人都可以任意伤害我,我只能永远做一个受害者;我无法掌控我的人生;因为我是受害者,所以这个世界充满敌意和危险……

这种受害者心理是来访者很常见的信念。一个深受受害者心理折磨的人,会越来越觉得不公平,越来越无助,然后,一定会深陷愤怒的泥潭,对施害者的愤怒,对自己的愤怒,对世界的愤怒。这种没办法宣泄的愤怒,就成为"僵死的愤怒之火"——怒火被压抑,被强制熄灭,剩下一堆黑色的灰烬和残余的火星子。随之,这人从头到脚都被一种深深的自责、愧疚、后悔与无来由的悲伤感所裹挟,心理学家称之为"抑郁"。

伏丽西很想打断公主的倾诉,提醒她觉察自己的受害者心理,见公主正滔滔不绝地诉说着,伏丽西皱皱眉头,咽了口唾沫,压下这个冲动。也许,时机还不到。

但是,刚才的一走神,伏丽西似乎漏掉了公主讲述莫兹事件的一些细节。理论上,心理咨询需要心理医生百分之百集中自己的注意力,现实中,几乎无人能做到。心理医生也有自己的感情,有爱,有怕,有冲动,有分心的时候,有精力耗竭的时候,有自己的性格弱点。

"我想起来了!"

公主大叫一声,将伏丽西从杂乱无章的思绪里拉了回来。

"那次银河游回来,那次被莫兹伤害,我就一直想消灭自己的灵魂。当然,如果我多一点勇气,如果我知道怎么消灭我的灵魂,我早就轻生了。旅游回来没几天,我从宫殿里跑出来,走呀,走呀,走得筋疲力尽,倒在地上。我感觉我的眼泪已经流干,我站在黑暗里,绝望地对着天空号啕痛哭……后来,我昏了过去,醒来之后,就进入这片阴森的森林,再也没出去过。之后,时间对于我来说,就是一个不存在的东西,每天,我的日子都是黑暗的。之后,我就不再是公主,我变成了'公主怨'。"

强烈的悲伤涌上伏丽西的心头,是公主的悲伤,是伏丽西自己的悲伤。

10. 不 甘

> **心理医生语录**
>
> 那种轻生意愿极其强烈的抑郁症患者,反而是一些坚韧、努力、意志力顽强的人。

停顿了好长时间,伏丽西看看鲜花时钟,离一个小时还差一分钟,伏丽西说:

"公主,从那以后,你就把自己关了起来,关在空心树里,因为你憎恶这个世界。父母婚姻的不幸让你很少感受到家庭的温暖,很少感受到爱。于是,你非常渴望爱,渴望来自父亲的爱,来自朋友的爱。为了获得父亲的赞许,你比所有同龄人都努力,你一度成为'天之骄女';你从小长在宫殿里,交往的同龄人不多,长大后,你不太擅长人际交往,但是,为了让自己成为一个自信的、有社交能力的人,你又比所有同龄人都努力。直到今天,你仍没放弃努力。当你在讲述你的故事时,我能感受到你有一种强烈的不甘。你之所以来见我,是因为你被这种强烈的不甘驱使,所以,你想改变!公主,你真的很努力了。"

伏丽西一口气说了一大段话,这是她发自肺腑的真情流露,没有动用任何心理咨询的技术,或者说,所有技术已深入她的骨髓,她敏锐地发掘出公主身上的"光"——对爱的渴望,对改变自己的渴望,坚韧努力的心性,向命运说"不"的不甘。

很多人都误以为抑郁症患者（因为公主并非森林居民，伏丽西不能称她为"感染者"，只能称她为"抑郁症患者"）都是敏感、脆弱、心智薄弱的人。确实，这些性格特质比较容易让人产生抑郁情绪。但是，那种轻生意愿极其强烈的抑郁症患者，反而是一些坚韧、努力、意志力顽强的人，他们不能接纳自己身上的"敏感""脆弱"，不能接纳自己未能活成理想的自己，抑或，不能接纳自己没有活成父母所期许的那个理想的自己。

每年，从外面的世界都会发来很多新闻报道，一些靠着坚韧意志力取得过优异成就的人，一度活跃在商界、政界、艺术界、媒体、娱乐圈的人，突然曝光自己患上严重的抑郁症。起初，他们会动用一切已知的方法去改变自己。当一切努力付诸东流，他们会对自身产生强烈的憎恶感，进而憎恶这个世界。

他人口中的"天之骄女"——公主，无疑就是这一类抑郁症患者。

公主静静地听完，她思考了一会儿，说：

"伏丽西医生，你说的这个我，又像我，又不像我。说像我呢，似乎这个我已经死了，说不像我呢，似乎我还真有那么一点点不甘。那一点不甘此刻就在我心里，有点刺痛，一种久违的刺痛，一种劝服自己不要放弃再坚持一下的刺痛。没有人知道，我曾经有多么努力！"

停顿了一小会儿，公主抚抚胸口，继续说：

"讲出来后，我心里舒服多了，我越来越相信，你可以帮助我。"

咨询时间结束了，伏丽西站起身来，公主并未站起来，她不太想走，她还有好多话想倾诉。

"伏丽西医生，我明天可以再来吗？只是，咨询费我可能会晚点付……"

"没问题,明天你可以再来。"伏丽西说。

"今天回去,我需要做些什么吗?"

临走前,公主慎重地问道,"是否有咨询作业留给我?"

伏丽西说:

"每天抽时间去看你的心,同时,想一想,下次咨询你想解决什么问题。"

带着不甘,公主缓缓走出心理诊所。伏丽西站在诊所门口,目送公主远去。

仅需一晚,这颗如芥菜种子般的"不甘"会长成参天大树,伏丽西对此深信不疑。

公主心中的潜意识地幔,是一片未曾有人抵达的神秘地带,是一片人类千万年都没有开垦过的处女地。她神秘的地幔里有另一个奇异的微观世界,这里,或许有适合"轻生念头"生长的荆棘地,或许有适合"不甘念头"生长的黑土地。

伏丽西期待明天早点到来,期待去发掘公主神秘的地幔。想到这儿,她心跳加速,一种强烈的兴奋感将她层层包裹。咨询过程中,她一直在克制这种因期待而生的兴奋感,此刻,她不需要克制了。

伏丽西像小女孩一样,唱着《魔法森林之歌》,蹦蹦跳跳地飞奔回诊所,刚一进屋,就狠狠地撞上了躲在门背后的考拉小姐。考拉小姐被撞得跌倒在地,像个气球般"咕噜噜"打了几个滚。看到这一幕,伏丽西笑得前仰后合。

倒霉的考拉小姐永远都不会明白,向来富有同情心的伏丽西,竟然也喜欢看人出丑!整个下午,考拉小姐都在为此事生闷气。

魔法心理小课堂

1. 意识

我们能觉察到的情绪和能说出的事件都属于意识层面。所谓意识,是与人类直接感知有关的心理部分,它是个人现在意识到的那些事件、情绪。

2. 前意识

前意识也是意识的一部分,只是平常比较难以察觉或没有意识到的一些事件、经验、情绪,但经过回忆,或在咨询中进行分析探讨,能回想并意识到。在弗洛伊德看来,前意识处在意识和潜意识之间,它是可以召回来的部分,也就是可以回忆起来的经验。

3. 潜意识

潜意识是潜伏在人的心理深处的、人们意识不到的,在正常情况下也体验不到的一种精神活动。潜意识里有我们最原始的生命力,也有不容于社会的各种各样的本能和欲望。

4. 集体潜意识

集体潜意识是人类祖先进化过程中,集体经验在心灵底层的精神沉积物,处于人类精神的最低层,为人类所普遍拥有,由全部本能及其相关的原型组成。集体潜意识是人类精神中最重要和最有影响的部分,对个体的思想行为和创造力起制约作用。虽处于潜意识的最低层,但无时不在寻求表现,会通过宗教、神话、艺术、梦幻、象征等表现出来。

5. 自挫式信念

认知疗法认为,自挫性的思维惯性是抑郁症的根源。自挫式信念让人彻底否定自己,觉得自己是彻头彻尾的失败者。久而久之,人会形成一种自挫性的思维惯性,认为自己天生就是失败者,一无是处,未来毫无希望。

6. 原型理论

心理学家荣格认为，原型是一种对世界某些方面进行反映的先天倾向，是集体潜意识的主要内容。他描述了几十种不同的原型，其中研究得比较多的是人格面具、阿尼玛、阿尼姆斯、阴影、自性。原型以神话角色的形式，在全世界的人类的集体潜意识中存在，体现了我们进化过程中一些基本的人类形象，能够唤起人类深层次的感情。

第六章
启　程

> 在伏丽西的想象世界里，她仿佛已提前到达那条名叫"心理咨询"之路的终点，站在终点，张开双臂，迎接她的来访者——那位一步一个脚印、缓缓朝终点走来的公主。

昨夜，又下雪了。

雪花漫天飞舞，飞呀飞呀，覆盖了整个湖泊小镇，街道、屋顶白茫茫一片，只露出屋檐瓦缝那一细溜的黑色。

1. 世界好小

心理医生语录

心理医生如果只懂得照搬理论，是治不好任何一位来访者的。

魔法森林。一场别开生面的床头夜话刚结束，熟睡的鼾声在空心树里此起彼伏。

昨晚，月亮公主、阿芙琳和灰兔夫人三个好朋友把小脚伸进松软的秸秆被褥，小腿贴小腿，膝盖碰膝盖，讲了一夜"床头夜话"。阿芙琳和灰兔夫人各自把身世故事向公主吐露无遗，三人同时发出惊叹：What a small world!（世界太小了！）

原来，公主和阿芙琳是校友。多年前，公主就读于湖泊小学，毕业后，升入湖泊中学——那正是阿芙琳小学毕业后最想去的学校。阿芙琳常去看望的大熊熊外婆竟是公主的亲外婆。误闯魔法森林那天，她刚把从大熊星座寄来的信送给大熊熊外婆。大熊星公主是月亮公主的母亲，母亲离婚后就搬回老家"大熊星座"。

公主和灰兔夫人的人生交集要少一点。灰兔夫人上的是青草小学、青草中学，在青草中学上到二年级就因早恋辍学，与黑兔先生私奔未果，后听从父母意见，嫁给了老实本分的白兔先生。

只听灰兔夫人振振有词地说：

"我老公白兔先生是湖泊中学的厨师，他做得一手好菜，有风干胡萝卜，有盐焗冬笋，还有白醋土豆丝！狐狸校长可欣赏我老公啦！"

曾几何时，灰兔夫人最瞧不上白兔先生的职业，钱少事多离家远，最瞧不上白兔先生因循守旧的大锅菜厨艺，最恨柿子专挑软的捏的狐狸校长。此刻，为了加入这场床头夜话，白兔先生在众人心目中被渲染成一位工作体面、勤俭持家的"经济适用男"，那口蜜腹剑的狐狸校长也幸运地沾了一小圈光环。

不知不觉聊到黎明，灰兔夫人先打了个呵欠，阿芙琳和公主迅速被传染上睡意，三人头一歪，眼一闭，立刻遁入梦乡。

心理诊所。整个上午，伏丽西脑海里都是月亮公主的影子。

2. 不得抛锚的旅程

> **心理医生语录**
>
> 如果来访者决定在协议上慎重地签上大名，那么这就意味着，他的心理咨询之旅将是一条通往未知且中途不准跳车、不准抛锚的新路。

9点整，外面静悄悄的，公主没有来。

9点15分，风嗖嗖的，公主没有来。

已改掉迟到习惯早早就来上班的考拉小姐，此刻正蜷缩在壁炉旁，熊熊燃烧的柴火熏得她睡眼惺忪。枯枝断裂，烧出"噼噼啪啪"的声响。这声响像只小爪子，挠得考拉小姐耳朵和后背都酥酥痒痒的，她张大嘴，打了个大大的呵欠，这是她即将熟睡的前奏。

"考拉小姐，早！"

这声音很甜美，但说话的人不是伏丽西。

似睡非睡中，这声音像自带音响效果，在考拉小姐耳边环绕了两圈，震颤的声波发出回响，然后，挥动翅膀飞走了。

考拉小姐刚睁开眼，立刻从地上弹跳起来，那只"怪鸟"——不，应该是公主怨小姐——不，伏丽西说她本名叫"月亮公主"——正低头看她。公主明亮的大眼睛里眼珠子咕噜咕噜地转。

打了招呼后，公主晃了晃尾翼，走进心斋。考拉小姐摸摸胸口，她以为胸口那只小鹿会被吓得跳出来，但是，一次又一次，让她害怕的事情并没有发生，她的恐惧减轻了很多。此时，她只是为自己那流了一身的口水涎子感到尴尬。

"真抱歉，伏丽西医生，我迟到了。昨晚熬了个通宵，早上睡过头了。"

刚进心斋，还未坐上松软的草甸椅，公主就迫不及待地为自己的迟到向伏丽西道歉。

"听起来，你睡得不错哦！"伏丽西打趣道。

公主将伏丽西的"打趣"听成了责怪，她脖颈两边的羽毛立刻竖了起来，像两个紧紧攥住的小拳头突然张开，竖起十指。她很不自在地抚弄了两下前胸那一小撮白羽毛，一撮昨夜新长出的白羽毛，用一种自责的语气喃喃低语：

"我昨晚和灰兔夫人、阿芙琳讲了一夜床头夜话，确实睡晚了……我不是故意的。"

她停顿了一下，接着说：

"说来也怪，以前想睡总睡不着，昨天没想睡，反而睡得很香，那种香甜，就像饿了许久的人在珍馐美味面前开怀大吃一顿，然后再旁若无人地打几个饱嗝。"

说到这儿，公主竟"扑哧"一声笑了，她想起灰兔夫人常常用这句话形容她家那位贪吃又贪睡的白兔先生。

伏丽西注意到，公主头顶的羽毛长了出来，翅膀上秃秃的地方也长出毛桩子。她的舌头缩回嘴里，嘴角边缘也变得整齐平滑。

这些天，她没有再做伤害自己的事情了。

伏丽西也笑了。

"无论如何，你今天确实迟到了，所以，我会缩短你的咨询时间，本来，我为你计划了 3 个小时的咨询方案，现在……"伏丽西看看鲜花时钟，"现在我们只有 2 小时 15 分钟了，但是，你需要将这次的 3 个小时与上次的 1 个小时，加起来，一共 4 个小时的咨询费一并付给我。你同意吗?"

"啊?我睡掉了一筐松果!"公主惊呼。

"是的,咨询期间,来访者必须准时到达。如果迟到,仍然按照计划时间收费,这是心理咨询的设置,怎么样?签个协议吧!"

说话时,考拉小姐手捧两片银杏叶——一份刚抄完的《心理咨询协议》——一摇一晃地走进来。她将钢笔递给公主的一刹那心里还是被那只小爪子抓了两下。

"协议里包含我们的咨询次数、咨询费用,双方必须履行的权利与义务,如何预约咨询、如何取消咨询的约定,迟到的约定。最重要的是,在心理咨询期间,如果来访者出现轻生、自伤行为,咨询会立刻中止。"伏丽西说道。

公主将协议翻来覆去看了好几遍,翅膀停在半空,仿佛想在空气里抓住一丝确定性。如果来访者决定在协议上慎重地签上大名,那么这就意味着,他的心理咨询之旅将是一条通往未知且中途不准跳车、不准抛锚的新路。这意味着,他必须全心全意地信任他的司机——心理医生。从此以往,他人生之路的基石将被心理咨询重建。

她想了许久,还是签上了自己的大名——月亮公主!然后,她掏出魔币,付足了之前欠下的咨询费。

签名的这一刻,她明白,自己已没有退路,没有回头路可走,未来,只能勇往直前。

3. 改 变

> **心理医生语录**
>
> 抑郁症已成为全世界导致轻生事件的首要原因，如果每位抑郁症患者都能在早期接受心理咨询，不知会有多少人因此而获救！

心斋。

蚕丝织成的窗帘在微风里晃动，发出轻微的"嚓嚓"声，如春天里新生的蚕宝宝在啃食嫩桑叶，一种寂静且生机勃勃的声音。

伏丽西正在倾听公主的故事，她灵动的眼神、扑闪的羽翼、挺直的胸膛，她如小提琴独奏曲般跳动而流畅的声音，都在诉说。

"伏丽西医生，刚才你问我，想解决什么问题？我一时半会儿真想不出来。这些天，我就像在做梦，过往的一切就像一部离奇的电影。虽然那个想轻生的声音还在，偶尔，还是会在我耳边说：活着太累，没任何意义，这世界不需要我。但是，那声音越来越微弱，出现的频率也越来越低了。如果第一次咨询你问我这个问题，我一定会说，我想多一点轻生的勇气。但是……哦！当我再说出这句话时，竟莫名其妙地有种荒唐的感觉。如果我有勇气轻生，为什么就没勇气活呢？"

也许是签了咨询协议的缘故，也许是交了新朋友感受到友情的缘故，也许是"不甘"的种子已生根破土，也许……总之，公主在这次咨询中，表现出她那超乎常人的敏锐与机智。

抑郁症已成为全世界导致轻生事件的首要原因，如果每位抑郁症患者都能在早期接受心理咨询，不知会有多少人因此而获救！这是某天魔法森林电台的金牌节目《扪心问诊》从"外面的世界"带回的新闻报道。再看看眼前的公主，在伏丽西的想象世界里，她仿佛已提前到达那条名叫"心理咨询"之路的终点，站在终点，张开双臂，迎接她的来访者——那位一步一个脚印缓缓朝终点走来的公主。

公主继续说：

"如果说，我想解决的问题是，我要增加活下去的勇气，似乎太抽象了，从小我就被父亲灌输'勇气'的概念，什么是真正的勇气，我到现在还真搞不明白。你让我凭直觉说出我想解决的问题，我的第一个念头竟然是：我想解决见到异性就浑身紧张冒汗，想逃、想躲的问题。虽然说出来有点尴尬，但直觉就是这样。"

伏丽西点点头，做出一个"请继续"的手势。今天，主角是公主。

签订协议后，伏丽西要求每位来访者在每次心理咨询一开始，都必须提出一个想要"解决的问题"，或者说"想改变的问题"。有些来访者咨询了十多次后，实在想不出"本次咨询我还有什么问题需要解决"，请伏丽西帮他们指出自己还需要改变什么。伏丽西会说：记住，你是改变的主体，如果你实在想不出，我们就聊聊为什么今天你没有想解决的问题。

激发来访者的自我改变意愿，激发来访者在心理咨询中的主体意识，不断重复和强调来访者在咨询中的主动地位和权利，是每次咨询的第一步。

4. 成长拼图

> **心理医生语录**
>
> 　　心理医生的一项重要任务是，将这些数以万计的拼图块拼成一张时间线准确、人际关系清晰、重要生活事件完整、能还原来访者成长轨迹和能找寻到心理发展规律的成长拼图。

　　按照星族人的年龄算法，公主早已到了结婚生子的年纪。但是，长到这么大，她竟从未谈过恋爱。

　　第一次意识到自己有异性恐惧，是在湖泊中学读书时。

　　那时，班上很多同学都在偷偷发展着"地下恋情"，同学讨论的话题无外乎班上哪个男生最帅，哪个女生最美。那时，公主的父母——月亮王和大熊星公主——已经从恶语相向的"热吵"转为怒目圆睁的"冷战"。公主的关注点全然不在某个帅气的异性身上，而是如何调和父母的矛盾，如何帮助他们修补婚姻，如何维持家庭的完整，如何避免家庭分崩离析。

　　她从中学时代就开始失眠，整夜盯着天花板，眼睛累得不行，头脑却异常清醒。渐渐地，她又得了"怪病"，身上这里痛那里不舒服的。有时，头顶一阵钻心的疼痛，如一个小电钻在天灵盖上打孔；有时，后脖颈痛得直不起来，像有一双钳子在后面卡住脖子，打也打不走，掰也掰不开。去看小镇医生，医生也说不出所以然。

　　后来，公主发现，每次她被迫充当传话筒那几天，身体的疼痛就会加剧，尤其是晚上睡觉前，全身痛得骨头都要散架了，还说不清痛点具体在哪里。

伴随着奇特而持久的躯体疼痛，在青春发育期，她又对自己的身体产生莫名其妙的厌恶。好几次，她曾对着镜子脱光衣服，想检查一下自己的骨骼与肌肉是否发育得与常人无异。她不懂医学知识，也查不出什么异样，但那种从青春期伊始就滋生出的对身体的关注，慢慢演变成一种对身体的羞耻。一到上生理卫生课，那种羞耻感愈加强烈，羞耻的感觉仿佛在说：我的身体和别人不一样，我的身体是丑陋的、肮脏的。

某一天，公主进教室时，班上一个皮革裹身、猎人打扮的男生抬起头盯着她看了好几秒，那是一种难以形容的古怪眼神。公主的第一念头是：我的身体和别人不一样，我的身体很丑陋，我的身体很畸形……她又羞又气，低下头，迅速走向课桌，把头埋在胳膊里，浑身剧烈颤抖。

从那之后，公主见到异性，就浑身紧张、冒汗、想逃、想躲，这种情况一直持续到她从湖泊中学毕业。

到了红城堡学院读大学，这种感觉仍有增无减。她把全部精力都放在学业上，也是为自己逃避人际交往，尤其逃避与异性交往找一个合理而高大上的理由。上大学期间，她逃避一切与异性近距离交流的机会，只和同性来往。可悲的是，自"银河百日游"之后，她见到同性也出现了紧张、冒汗、想逃、想躲的情况，她觉得每个同性都是会伤害她的"莫兹"，每个同性都优越感爆棚，能轻易控制她的思想与行动。

窗外的阳光像长了脚，透过蚕丝窗帘，在屋内的虫毯上踩出一块块斑驳的光影，虫儿也听得屏气凝神。

伏丽西静静地聆听，一边听，一边在脑海里拼公主的"成长拼图"。现在，摆在伏丽西面前的，是数以万计的形体大小各异的拼图块，这些拼图块是公主的故事、情绪、信念、坐姿、表情、眼神、细微动作……它们在伏丽西眼前，如千万朵雪花横空出世，漫天飞舞，交织纠缠。

　　心理医生的一项重要任务，便是将这些数以万计的拼图块拼成一张时间线准确、人际关系清晰、重要生活事件完整、能还原来访者成长轨迹，还能找寻到心理发展规律的成长拼图。

　　结合前几次咨询中公主提供的拼图块，伏丽西想象自己眼前有一块大大的白板，白板上有四大分区：情绪、事件、信念、潜意识。她迅速将拼图块放进相应的分区。如果完成了这四块分区的拼图任务，就能沿着火山口一直走进地幔，深入地核，在地核深处找到珍贵的松果。

　　伏丽西说：

　　"公主，谢谢你，今天你敞开心扉告诉我你的成长故事，说明你对我更信任了。我听到了很多新的内容。你认为，你对异性的紧张感源自那位男生对你的眼神关注。在人际关系上，先有异性带给你的紧张感，后有同性带给你的紧张感。在更早的时候，你就被迫体验充当父母'传声筒'的焦虑与纠结，长期的紧张情绪会让很多人都出现严重的头痛症状。我还听到，你对你的身体感到羞耻。听完你的讲述，我有一点迷惑，我想知道，哪个问题最困扰你？"

　　若非训练有素，伏丽西绝不可能在公主讲述完毕后，做出提问、反馈或针对性的咨询指导。因为，心理医生如果不能在一瞬间完成来访者的成长拼图，她就无法与之共情，更无法理解来访者怪异诡谲的内心世界。

5. 破除执念

> **心理医生语录**
>
> 这种自发性的自我探索方式，给来访者留下了极大的自由空间，在一种安全、信任、放松的氛围里，他更容易触碰到自己的深层潜意识。

不了解伏丽西咨询风格的森林居民以为，每次咨询来访者都会讲一个完整的故事。他们可能会疑惑，上次咨询，公主一直在谈莫兹女妖，这次，应该就这个话题继续谈下去，为什么又扯到异性紧张的话题了？是不是跑题了？

昨天，公主还觉得被莫兹女妖伤害是一件天大的糟心事，咨询之后，她的轻生冲动弱化了，睡了一觉，暂时忘了莫兹，另一件新近发现的困扰占据她的意识，她满脑子都是见到异性紧张的感觉与回忆。看似毫无逻辑，要知道，潜意识的思维特点就是非理性的，东拉西扯，杂乱无章。公主能在短短两天的时间里，把话题从轻生冲动与莫兹女妖迅速跨越到一见异性就紧张，恰好说明，她在一步步接近自己的潜意识。

所以，力求听到的故事完整，有头有尾，是人的天性使然。人，天生就喜欢听故事，这一点，在淳朴的森林居民这里，表现得尤为明显。从这个角度来说，力求故事完整，并非在满足来访者解决问题的需要，而是在满足心理医生的需要。来访者来看心理医生，目的是解决心理困扰，没有理由去承担一个"给心理医生讲述完整故事并满足其听故事需要"的义务。

但是，某些心理学书籍却宣称，故事完整的咨询才是彻底的咨询；还有的书籍鼓吹，心理医生要为来访者每次的咨询设立主题，比如，这次谈莫兹，下次谈原生家庭，再下次谈人际关系（见异性紧张，属于人际关系主题，应该谈论人际关系时再谈及），再再下次谈自信提升……意图把心理咨询做成一篇主题明确、线索清晰的论文。

这种做法，除了满足心理医生听完整故事的需要，更是在论证心理医生所持"理论框架"之神圣不可侵犯。对于他们来说，人的个体差异可忽略不计。为了证明自己所持"理论"放之四海而皆准，他们甚至会强加给来访者诸多解释、标签，把来访者"改造"成符合他们"理论框架"设定的那个人——比如，俄狄浦斯情结的人、深受原生家庭毒害的人、负面自动思维的人、巨婴等。

久而久之，某些来访者真的会认同这些与他们八竿子打不着的标签与解释，进而表现出与标签相似的症状，于是，心理医生所持理论的正确性再一次得到了"印证"。

上述做法，心理医生伏丽西坚决不认同。她认为，正是这些心理医生不能理解自己的来访者，所以才理论先行，要求来访者在每次咨询时，讲述一个主题明确的"故事"，然后，借助与故事主题相关的理论来解释来访者，而非理解来访者。

放下求"解释"的执念，放下求"完整"的妄念，伏丽西听完公主的讲述，她允许自己出现一头雾水的感觉，她甚至去体会并觉察这种如入迷阵的感觉。心理医生需要先拼装自己的"事件"和"情绪"分区的拼图，才有可能帮助来访者拼装他的对应分区的拼图。

当然，伏丽西这样做的好处不言自明，来访者的需求永远是心理咨询的中心，每次咨询后，来访者的状况都有改善。这样做的坏处是：心理医生伏丽西面对的永远都是一张残缺拼图，你无法借助某个理论去解释你的来访者,让你的来访者觉得你是专家,你很厉害。

这时,伏丽西只有凭着对人性最敏锐的洞察,凭着她对来访者最细致入微的观察,凭着她那异于常人的直觉,凭着她那饱经世事沧桑的医者仁心去理解来访者。

所以,无论是松鼠小弟、骡子伯伯还是蓝精灵小妹,伏丽西都允许他们在咨询时间内,谈论他们想谈论的任何话题,他们第一时间想到的话题,他们今天最想解决的问题。

这种自发性的自我探索方式,给来访者留下了极大的自由空间,在一种安全、信任、放松的氛围里,他更容易触碰到自己的深层潜意识。作为有经验的心理医生,伏丽西会从来访者谈论的任一话题中,洞察出他们一贯的自挫式信念和潜意识里的情感需求。

6. 新的意义

> **心理医生语录**
>
> 这种拼装整合会带给来访者一种难以言状的奇妙和美好,他们虽然听不到任何理论名词、概念术语,但却有一种正在生长的完整感在身体里膨胀。

伏丽西把自己听到的事件、感受到的情绪,原封不动地说给公主听,但是,她挑选了两个关键词,"紧张"和"羞耻"。借助这两个关键词,伏丽西把一些事件和情绪的拼图块做了拼装整合,放进公主成长拼图的"情绪"分区。当伏丽西完整地说出自己的反馈后,公主也在她相应的"情绪"分区拼装整合了一小块拼图。

这样做的目的，是让公主更能理解自己所经历过的事件和所体会过的情绪，进而将杂乱无章的过去整合成一小块拼图。这种拼装整合会带给来访者一种难以言状的奇妙和美好，他们虽然听不到任何理论名词、概念术语，但却有一种正在生长的完整感在身体里膨胀。

"嗯，伏丽西医生，你的几句概括让我对自己的认识更清晰了，至于最困扰我的问题，可能还是如何克服与异性交往的紧张感吧。"

公主说道。

通过讲述后的一问一答，公主更加确定，她今天的咨询重点，就是想谈论这个问题。

"嗯，是什么原因让你觉得这个问题最困扰你？"伏丽西问。

"至于原因嘛……呃……"

公主垂下眼帘，脑袋左右晃动了几下，又抬起羽翼，在腮帮上摩挲了几回，欲言又止。停顿了好一会儿，她抬起眼帘，鼓足勇气说：

"有一个猎人，刚认识的，我担心他会喜欢上我。"

伏丽西恍然大悟，从公主坐进心斋伊始，她就很清楚自己在谈论什么，想解决怎样的问题，她不仅没有跑题，更非避重就轻。一件偶发事件——新认识的一个猎人——触发她新的困扰。

所有来访者看似毫无头绪实则义理清晰的自发性探索和表达都有章法可循，发现生活中的新困扰，也是公主轻生危机等级降低的重大标志。

想到这儿，伏丽西嘴角露出浅浅一笑，咨询时间到了，她期待在下次咨询中听到公主更多的故事。

预约了下次咨询时间，伏丽西给公主布置了作业。伏丽西说：

"在下次咨询前，我希望你至少和猎人见一次面，在交谈中,去体会自己紧张和担心的感觉,想象你紧张的时候像什么。这一定是一次新奇的体验。如果你想改变,就一定要完成这次作业。另外,下次咨询,不要再迟到了!"

公主遗憾地耸耸肩,因为迟到的缘故,咨询刚步入正题就结束了。她不情愿地点点头,离开了心斋。

伏丽西坐到书桌前,在银杏叶本子上写下此次的咨询心得:

今天,公主提到一个新困扰,这个所谓"新"的困扰,也并非真正的新,而是自中学时代以来,持续数年,一直弥漫在她人生里的阴影,一直影响她人际交往的"旧"困扰。

"旧"困扰被重提,变成"新"的亟待解决的问题,此事意义重大——这意味着,公主不再视"死"为"生"的唯一出路,不再将"死"当作"生"的意义,转而开始思考如何好好"生",如何铲除"生"之道路上遮天蔽日的荆棘,进而让青草、鲜花和树苗茁壮生长——"生"之意义变成,如何健康、快乐地活下去,如何轻松、愉悦地与人交往。

魔法心理小课堂

1. 心理咨询协议

心理咨询协议包含心理咨询次数、费用,双方必须履行的权利与义务,如何预约咨询,如何取消咨询的约定,迟到的约定,来访者承诺不做出轻生、自伤行为的约定。

2. 心理咨询的目的

心理咨询的目的是以来访者的需求为中心,协助他们解决当下最急迫的问题、最严重的心理困扰。

第七章
探　索

> 它变高了，变壮了，树干变得好粗，我伸出手，已经抱不住它了。黄叶子掉了，长出绿叶子，叶子越来越茂密，它变成了一棵健康的大树，参天大树。

清晨，经历风雪后的大树像一个黑丫头套上一层薄薄的素衣，几根小枝丫从袖口伸出，做出一副惹了大人生气还偷偷乐的样子。风吹过，几根细长的枝条轻轻抖动，给寒冬增加了一丝灵动。

在魔法森林里，"猎人区"与"居民区"距离不远，中间隔了一条波涛汹涌的大河。在"猎人区"里，所有的猎人都是男性。

魔法银行位于"猎人区"，负责兑换魔币的是一位青年猎人，他身材颀长，面部轮廓清晰硬朗。自公主第一次敲开魔法银行大门，青年猎人对这位来自外面世界的新朋友就表现出好奇。

之后，公主频繁去银行兑换魔币，青年猎人便以一种老熟人的口吻招呼她：嘿，今天精神不错哦！嘿，这批松果又大又饱满哦！

1. 担　心

> **心理医生语录**
>
> 　　心理医生如果只懂得照搬理论，是治不好任何一位来访者的。他必须将理论、技术与每位来访者独一无二的个性相结合，为每位来访者制订出一套独一无二的咨询方案。

　　昨天黄昏，伏丽西就请考拉小姐挨家挨户通知：因心理医生明日上午有重要安排，约在明日上午的针对"非感染者"预防性的心理咨询全部取消，"感染者"的心理咨询集中在明日下午进行。

　　昨天晚上，伏丽西将公主的咨询记录重新整理了一遍，写了又看，看了又写，银杏叶纸张用完了，蘸钢笔的指甲花汁也露出瓶底。直至鸡鸣报晓，伏丽西才和衣躺下，在一大堆支离破碎的梦境片段里浅睡了一小会儿。

　　今天上午的咨询至关重要，伏丽西将酝酿已久的咨询方案反复琢磨、修改、推敲，她要保证做到万无一失。伏丽西读过古今中外所有心理学大师的经典著作，头脑里有堆成小山的概念、理论、病理成因、经典案例和名词术语，但是，心理医生如果只懂得照搬理论，是治不好任何一位来访者的。他必须将理论、技术与每位来访者独一无二的个性相结合，为每位来访者制订出一套独一无二的咨询方案。

上午9点，公主准时到达心斋。

一坐定，她便开始讲述这段时间和猎人的会面情况。

从第一次会面起，公主就不敢正眼看猎人，如同中学时的她不敢与异性直视一样。猎人和她打招呼，夸她精神，夸她的松果又大又饱满，她只是将头低低垂下，微微颔首，鞠躬，道一声："谢谢！"

为了完成伏丽西布置的作业，昨天，公主又兜着一篮子松果到魔法银行去。

也许，温暖的阳光照得她内心发痒，像被一只昆虫挥舞的翅膀拂了几下，酥酥麻麻，是一种想挠又挠不到的痒；也许，这些天来，与灰兔夫人和阿芙琳的友谊勾起她想交流的冲动。这种感觉，从公主第一次去魔法银行兑换魔币就出现了，只是，那时的公主满脑子都是如何"增加轻生勇气"，并未好好体会和感受这种朦胧的感觉。

当青年猎人再次热情地向她打招呼，"嘿，头上的幸运花真好看，你适合紫色"，公主竟开始回应猎人了。

他们从花儿聊到树木，从人类聊到动物，从魔法森林聊到外面的世界，从电视节目聊到文学……

他们整整交谈了一个小时。公主感觉自己很亢奋，说了好多好多话。回到空心树，她越想越紧张，随之而来的，还有那种熟悉的羞耻感，那个新问题——担心猎人会喜欢上她，这个担心现在给她带来了困扰。她越想越担心，越担心越紧张，越紧张越害怕。但是，这是一种奇特的害怕，害怕的感觉里，又夹杂着一丝丝淡淡的喜悦和期待。

2. 变 化

> **心理医生语录**
>
> 人的情绪、思维、念头就像天上的云朵，随时变幻，千万不要借助上一刻所发生的事情、对来访者的印象，来理解此时此刻的来访者。

伏丽西明白，公主对这位青年猎人产生了好感。但是，直到现在，公主还不敢直面这种介乎友情与爱情之间的情感。前些日子，公主留给伏丽西的印象是：一位轻生冲动严重的抑郁症患者。此时此刻，她又必须打破这种印象，以发展变化的眼光，以今日不同往日的眼光来看公主，支持公主在咨询时间内做出的一切自发性的探索与表达。

在魔法森林里，心理咨询的目的永远是——以来访者的需求为中心，协助他们解决当下最急迫的问题、最严重的心理困扰。

心理咨询不能借助理论，也不能全仰仗直觉和最初印象。所以，伏丽西既要记住来访者寻求医治的细节和原因，又要随时改变对来访者的最初印象。

为了达到这个目的，伏丽西知道，她必须接受咨询过程中的不可控因素，接受咨询中的不确定性，接受咨询中的未知因素，最重要的是，接受来访者的发展变化。

她必须时时刻刻用发展和变化的眼光去看来访者。

人的情绪、思维、念头就像天上的云朵，随时变幻，千万不要借助上一刻发生的事情、对来访者的印象，来理解此时此刻的来访者。

我们都有过这样的经验。

比如，蓝精灵小妹和丈夫是平日里关系不错的一对夫妻，但每次吵架时，他们都互相攻击，挖苦，讽刺，翻旧账，双方都不吝用最恶毒的语言指责对方。那一刻，失望、愤怒、怨恨齐齐涌上心头，蓝精灵小妹觉得丈夫坏透了，她恨自己怎么瞎了眼找到他。这时，门铃响了，好朋友白精灵妹妹登门拜访，找他们帮个小忙。他们立刻更换表情，和好朋友闲聊，还假装家里一团和气。一小时后，蓝精灵小妹再瞅瞅她的伴侣，刚才的恨意全然消除，双方都为刚才没控制好情绪而略显尴尬。

夫妻对彼此的印象每时每刻都在发生变化，幸福婚姻的经营之道便是：千万不要借助上一刻所发生的事情及上一刻对伴侣的印象，来理解此时此刻的伴侣。

同理，千万不要借助上一刻所发生的事情及上一刻对来访者的印象，来理解此时此刻的来访者。

"苟日新，日日新。"每天，我们的身体、细胞、情感、念头都在变化，"人不能两次踏进同一条河流"，昨日之我也非今日之我，昨日的来访者也非今日的来访者。坚持某条理论的不变与正确性，坚持用第一次咨询创建的某个解释、标签去定义来访者，坚持用某个恒定的印象去框定来访者，岂非愚昧至极？

3. 谁不喜欢你？

> **心理医生语录**
>
> 公主紧张害怕的"情绪"背后，是一起意外"事件"——与青年猎人的一次深入交流。在"事件"背后，又是公主那自我贬低的"自挫式信念"。

伏丽西在思考：公主为什么担心猎人喜欢自己呢？

多年来，公主对自己都持有这样的信念：我不善人际交往，尤其不善与异性交往。所以，上中学后，她几乎从未与异性深谈，也从未有过异性朋友。

（1）投射。

遇到猎人后，公主对猎人产生了好感，但她一直在压抑这种情感，因为这种情感与她多年来恪守的"信念"相悖。但是，对于一个长期压抑自己的人来说，情感一旦滋生，会瞬间汹涌，如开闸后的洪流，不可防，不可控，滔滔不绝。

这种不可遏制的情感是否会将她引向未知，让她受伤？为避开危险，公主动用了森林居民常用的一种防御机制——投射，把自己的性格、态度、动机或欲望，投射到别人身上。这次公主便将对异性的好感和欲望投射给青年猎人，她认为：青年猎人有可能喜欢上我了。这样一来，她可以暂时假装不去关注内心奔腾的情感，又能将自己置于一个随时可以从两性关系里抽身而退的位置。

但是，在公主对自己的内心世界缺少洞察时，伏丽西只能一点点地引导她，而不能把这些解释一股脑地甩给她。

"你们相谈甚欢，你担心他会喜欢你。假设他真的喜欢上你，你会有怎样的感觉？"

伏丽西问道。

"如果他真的喜欢我，我会觉得受宠若惊。但是，我会更紧张，因为他没有看到我真实的一面，他要是看到我真实的样子，他一定会厌恶我。想到他终将厌恶我的那一天，我心里又紧张又难过，我宁愿不和他做朋友，宁愿从现在起就不见他。因为，我不值得被他喜欢，我是一个又丑又笨、被诅咒、没有热情……"

公主的这番话印证了伏丽西的猜测。在情感面前，公主害怕一些东西。

伏丽西还发现，用"火山理论"来分析，公主紧张害怕的"情绪"背后，是一起意外"事件"——与青年猎人的一次深入交流。在"事件"背后，又是公主那自我贬低的"自挫式信念"——我很丑，我很笨，我被诅咒，我没有热情……

伏丽西继续说：

"如果猎人看到了你的很多好品质，被你的好品质吸引，真的喜欢你了，假设某一天，他亲口告诉你，你是一个值得喜欢的人，你会怎么想呢？"

公主把头摇得如拨浪鼓，她轻轻地说：

"即使他这样说了，我也不相信。你让我想象我紧张的时候像什么，我觉得我像是一棵病恹恹的小树，他像一棵高大挺拔的大树，他不会喜欢我的。"。

"你说你不相信别人会给你一个好评价，你不相信你是一个值得喜欢的人，是吗？"

"是的，我不相信。"公主喃喃道。

"如果阿芙琳这样告诉你，她说，我不相信别人会给我一个好评价，我不相信我是一个值得喜欢的人，你怎么看她说的'不相信'呢？"

"如果是阿芙琳这样说……我会觉得她有很多不甘吧！她其实是希望自己能得到他人的好评价，希望自己能成为被人喜欢的人，只是，她永远觉得自己不够好，她又想变好，她觉得，只有自己变得更好、更可爱、更完美，她才值得被喜欢。但是，她又不知道怎么才能变得更好。但是，话说回来，阿芙琳身上有很多可爱的地方，为什么她会这样说自己呢？"

（2）因果关系颠倒。

话音刚落，公主愣住了，她发现，自己评价阿芙琳的这番话，倒像是说给自己的。她接着说：

"是的，我也有很多不甘。但是，我感觉我真的不招人喜欢，不像阿芙琳，她身上至少还有可爱的地方，而我，一点可爱的地方都没有。"

这里，"我真的不招人喜欢"又是公主暴露出的"自挫式信念"，与前面的信念"我很丑，我很笨，我被诅咒，我没有热情"成为因果关系。

因为"我很丑，我很笨，我被诅咒，我没有热情"，所以"我一定不招人喜欢"，这句话从逻辑上似乎没有问题，很多森林居民也会这样表达。但是，他们和公主犯了同样的错误，在这两条信念的关系上，把因果关系颠倒了。

正确的因果关系上应该是：

我不喜欢我自己，所以我感觉我也不招人喜欢。什么原因呢？一定是我身上有很多"人神共愤"的地方，比如丑、笨、没有热情、命运不济、被诅咒……

所以——

- 别人一定不喜欢我，我就更讨厌我自己。
- 别人一旦表现出有可能喜欢我的样子，一定是没有看清我的真面目，看清了以后，一定会讨厌我，然后我就会更讨厌我自己。
- 我干脆谁也不见，把自己封闭在空心树里。我成了一个更加自闭、笨拙、没有热情的人，我更讨厌自己了。

（3）子人格。

"我不被爱，我不被喜欢，我也不喜欢我自己"，是所有抑郁症患者共有的自挫式信念，也是他们根深蒂固的"自我概念"（自我概念指一个人对自己的看法、评价的总和，属于"信念"层次）。

在魔法森林里，伏丽西见过很多才华横溢、成就颇高却极其自卑的来访者。他们看自己卑微如尘土，看自己一无是处，对众人的褒奖都不以为然，他们每天自我贬损，自我指责，自我攻击。所以，如果一位居民有了"我不喜欢我自己"的自我概念，与之辩论、说理都无济于事，必须深入到他的潜意识，去找寻自我概念形成的原因。

我们每个人隐隐约约都可以觉察到自己身上不同的"自我"。文学家、哲学家多有这样的描述：我们每一个人心中，都存在着许多个不同的自我，或者说，自我是多侧面的。心理学用了一个形象的说法，称这些不同侧面的自我为"子人格"。每个人的主人格内部都有很多子人格，如果说，子人格像一个人，那么每一个现实中的人都是一个小的团体，由许多个子人格或者说许多人组成。[1]

伏丽西发现，当她的来访者自我贬损、自我指责、自我攻击时，实则是其中一个"子人格"在贬损和指责另一个"子人格"，这样一来，人就会形成"我不喜欢我自己"的自我概念。

当公主说，我不喜欢我自己，实则是她的一个"子人格"不喜欢另一个"子人格"。

火山脚下，那暗涌的"信念"岩浆下，是广袤深厚的"潜意识"地幔，伏丽西必须深入到公主的"潜意识"，去发现她更多的子人格，才能探寻到真相。

---

[1] 朱建军：《你有几个灵魂》，北京：中国城市出版社，2003年，第10页。

4. 一棵小树

> **心理医生语录**
>
> 她在走近那棵"丑陋病弱"的小树时,也在接近她潜意识里那个"被自己憎恶和嫌弃"的自我。

"公主,请你闭上眼睛,去想象你走进你的心,看看那条深缝是否还在?如果深缝还在,你就走进去,看看里面有什么。"伏丽西说。

公主还沉浸在刚才叙述的紧张和兴奋劲儿里,久久放松不了,也进入不了想象。

(1) 呼吸放松法。

伏丽西引导公主用呼吸法来放松自己。呼吸放松法,自公主第一次进入心斋就被迫体验过,现在,伏丽西耐心地将整套呼吸放松法教给公主。

伏丽西引导公主深深吐气,缓缓吐气,充分体会吐气时空气从体内经过气管、鼻腔流出去的感觉,感受胸部、腹部缩小,直到完全吐完空气为止。这时,轻轻屏住呼吸,感受不吸不吐的宁静,然后再开始吸气。吸气的时候,体会空气流过鼻腔、气管进入肺部的感觉,感受胸部、腹部的膨胀。当吸气吸到饱和点时,轻轻屏住呼吸,像刚才那样感受这个不吸不吐的宁静,然后再开始吐气,开始新的一轮呼吸。

人只有在身体放松时,才能进入瑰丽的想象世界。想象是远比理性思维更有力量的一种"超越性思维",是通往内在智慧的直达桥梁。

引导想象，是伏丽西在心理咨询中的重要手段。

(2) 寻找小树。

十分钟以后，公主慢慢放松下来，她进入了想象。

"我从那条缝走进去，看到里面黑漆漆的，穿过这片黑，前方有一片森林。"公主说。

"森林里，有一棵奇特的树，和你有着微妙联系的树，去找一找，这棵树在哪里？它长什么样？"伏丽西说。

"我看到一棵干瘪的小树，树干畸形弯曲，上面还有很多虫洞，它的叶子稀少，立在一个偏远的、周围都是沙土的地方，它离其他树都很远。"

"你喜欢这棵树吗？"

"不喜欢……我想砍掉它。"公主说。

"我想，长成这样并不是它的错，也许，这就是它的本来面目。森林包罗万象，大千世界，无奇不有。每种生命形态都有它存在的理由，正因为有这么多不同的生命形态，世界才如此丰富和精彩，你觉得呢？"

"但是她太丑、太病态、太畸形、太碍眼了，而且，森林也不需要它。"公主继续说。

"也许，你站得离它太远了，你从未好好看过它。不如走近一点，看看它，也许，你会从它身上发现一些不一样的地方。"

在想象中，公主很不情愿地走近小树，一步，两步，她在走近那棵"丑陋病弱"的小树时，也在接近她潜意识里的那个"被自己憎恶和嫌弃"的自我。

有多少人，整日里吃吃喝喝睡睡，浑然不觉地过了一生，有几人在午夜梦回时，能像公主这般亲近她潜意识里的"自我"？

"我站在它面前，觉得它有点可怜，它好像经历了很多风霜，它也想长成一棵好树。"

说到这里，公主的眼泪喷涌而出。

（3）照顾小树。

伏丽西说：

"对，它经历了很多风霜、很多艰辛和不易，它也想变好。现在，你愿意去照顾它、养护它，给它松土、浇水、施肥、除虫吗？"

公主点了点头。

在想象中，她仿佛回到童年时代，回到宫殿外的花园。那时，她还是一个活蹦乱跳的小女孩，她从花园的库房里找来铁锹、水桶、肥料，又到碧波荡漾的湖泊里打上一桶水，背上小竹篓，兴高采烈地奔向森林，奔向那棵小树……先松土，再浇水，水里加一点肥料，沿树根外围小心翼翼地浇灌，最后，拿起小镊子，为树除虫。

"现在，你再看看，小树有什么变化？"伏丽西问。

"它变高了，变壮了，树身变得好粗，我伸出手，已经抱不住它了。黄叶子掉了，长出绿叶子，叶子越来越茂密，它变成了一棵健康的大树，参天大树。"公主说。

"你靠在树身上，听听，大树在对你说话，它在说什么？"伏丽西说。

"它说，谢谢你，主人！谢谢你，主人！"

5. 生 长

心理医生语录

美丽的人会整日想着整容，身材匀称的人会疯狂节食，能力优异的人会每天长吁短叹，觉得自己一无是处。原因就在于，他们有一个"被憎恶和被嫌弃"的子人格。

公主任凭眼泪喷涌，她不断重复这句话：谢谢你，主人！

伏丽西引导她回到心斋，公主深吸几口气，睁开眼睛。

"我感觉释放了好多，感觉周身都多了一股力量。当你让我亲近那棵小树，去照顾它、养护它时，我一开始有些抗拒。不过到了后来，心里某处的自来水龙头似乎被拧开，我的眼泪止不住地流，心里也有暖流涌动。感觉整个人更有活力和希望了，刚才那种令人讨厌的周身紧绷的感觉也消失了。真奇怪，这一切，是怎么发生的？该如何用心理学解释呢？"

公主抬起翅尖，在眼周擦拭了几下，伏丽西注意到，公主左边翅膀上羽翼最丰满的地方，竟然长出了两根人的手指——粉嫩的指甲盖，白皙的皮肤——是女孩的手指。一滴泪水滴落到手指上，公主竟浑然不觉。

伏丽西震惊于公主身体的变化，更震惊于公主的心理变化。她再次向公主解释了"火山理论"，为了让公主知道，这一切改变绝不是魔法，而是基于严谨的心理学原理。

公主似懂非懂，说道：

"弗洛伊德的书我也看过，关于潜意识是什么，我也了解，但是，直到今天，我才真正理解了什么是潜意识。所以，我只需要在心理咨询中去和我的潜意识沟通，去修正潜意识里的一些引起我不良信念的东西，至于背后的原理，我无须弄得一清二楚，是吗？"

"是的，你付了咨询费，我的目的就是把你治好，协助你去解决困扰你的问题。如果你想学习更多的心理咨询原理，等你的心理咨询结束后，我推荐几本好书给你。"伏丽西说。

"我愿意信任你,伏丽西医生。想想这几天一直困扰我的那个问题,好像也不再是问题了。此刻,我想到那位青年猎人竟然一点都不紧张,甚至有点小期待,期待再次和他聊天,他是一个亲切而有趣的人。"

说到这里,公主右边翅膀的羽翼丰满处又冒出两根小手指,粉嫩的指甲盖如两只刚出壳的歪头歪脑的小鸡,正好奇地打探这陌生的世界。

伏丽西为公主布置了咨询作业,她让公主回空心树后画两棵树,一棵是病弱的小树,一棵是变得健康挺拔的小树。每天花一点时间,闭上眼睛,想象自己走进心里的深缝,在里面发现了一片森林,森林里有一棵与公主有着奇妙联系的小树。公主需要持续照顾和养护这棵小树。如果小树又变回原来的孱弱样子,就再为它松土、浇水、施肥、除虫。

公主笃定地点点头,她保证会好好完成咨询作业,又和伏丽西预约了下次心理咨询的时间。

送走公主后,伏丽西开始写今天的咨询心得。那棵由弱变强、由丑变美、由病态变健康的小树,多年来,一直长在公主那广袤深厚的"潜意识"地幔里,它是公主"被憎恶和被嫌弃"的子人格的象征。在伏丽西的引导下,公主接受了一次"潜意识"手术,通过照顾养护小树,让子人格从"丑陋、病态、孱弱"变得"茁壮、健康、有活力",她修正了多年来坚不可摧的自我概念。

魔法森林里,伏丽西探究过很多居民的子人格。

她发现,美丽的蓝精灵小妹内在有一个子人格是相貌丑陋的女子;身材匀称的松鼠小弟,却有一个身材臃肿的肥胖子人格;能力优异的骡子伯伯,某一重要子人格却是一头粗陋笨拙的猪。

所以,那些被众人认为是美丽、身材匀称且能力优异的森林居民,不一定就是自信的人,他们甚至常常被深深的自卑感困扰。所以,美丽的蓝精灵小妹会整日想着整容,身材匀称的松鼠小弟会周期性的疯狂节食,能力优异的骡子伯伯会每天长吁短叹,觉得自己一无是处。原因在于,他们有一个"被憎恶和被嫌弃"的子人格。

这些不被喜爱的子人格存在于森林居民的潜意识里,正因为有这些子人格,这些森林居民才会发展出"我一无是处,我太差劲,我不喜欢自己,我憎恶自己"的自我概念。

家庭环境,父母婚姻,学校的同伴关系,父母与老师的评价,同伴的评价,被排斥、被欺辱的负性事件,都会让人在"前意识"层面,形成一系列自挫式的"信念",进而影响着"潜意识"里的子人格,又重新在"前意识"层面,生成一整套负性的自我概念。

自我概念一旦形成,会强化人的子人格,也就是说,你越不喜欢你自己,你就觉得自己周身的毛病越多,你的子人格就越丑陋,然后,你就更不喜欢你自己。

不懂心理学的热心居民会对骡子伯伯说,你应该多欣赏生活的美好;对蓝精灵小妹说,你要去欣赏自己,发现自己的优点;对松鼠小弟说,你要接纳自己的不完美,没有人是完美的。

道理都很对,但是,对他们毫无用处。因为,一个人的子人格一旦形成,很难被撼动。

除非,心理医生能穿透滚烫的"信念"岩浆,深入他们"潜意识"的地幔,直接触及并撼动他们的子人格。

6. 摸 头

> **心理医生语录**
>
> 任何一类魔法森林居民以为的心理问题，如社交恐惧，其实都有帮助他们适应生存的一面。

伏丽西放下钢笔，合上银杏叶本子，望着窗外发呆。这时，刮来一阵强劲有力的风，窗前那古老的菩提树树枝被风撼动，树身微微颤抖。

公主潜意识的地幔就这样被搅动，今天的心理咨询如期达成预定目标，伏丽西长长地舒了一口气。接下来的几天，在公主身上，一定会发生更奇妙的事情，伏丽西满意地伸了个懒腰。

这时，考拉小姐急匆匆地跑过来，用一种半惊喜半惊吓的语气说：

"伏丽西医生，刚才公主出门前，摸了摸我的头，她看上去好亲切！奇怪，我竟然觉得她没那么可怕了。"

听考拉小姐兴冲冲地讲完，伏丽西大笑，她也俯下身，摸了摸考拉小姐的头。此时，考拉小姐也许全然忘记，曾几何时，她是多么恐惧被陌生人摸头。在考拉家族的记忆里，幼小的考拉常常因为过分可爱而被摸头，接着，再被搂抱，然后失踪。小考拉失踪案一度成为魔法森林警局的悬案。后来，考拉家族才意识到，他们必须从孩子很小的时候，就反复告诫他们陌生人的可怕，帮助他们发展出对陌生人的警惕与恐惧，防止他们因过分可爱、温顺且信任他人而导致悲剧。

从这个意义上来说，任何一类魔法森林居民认为的心理问题，如社交恐惧，其实都有帮助他们适应生存的一面。之前，考拉小姐顶着整个家族的反对，走出树洞山庄，到伏丽西的诊所担任助理工作，除了对伏丽西的喜爱和尊敬，更有对心理学浓厚的兴趣，以及对克服社交恐惧和自我成长的憧憬。这些时日，考拉小姐频繁与陌生人打交道，以其见识、勇气的增加，成为树洞山庄的闪亮人物。

考拉小姐相信，总有一天，她会当着家族的面宣称：作为考拉，我们既可以保留警惕的天性，又拥有机智敏锐，及时发现危险并逃生的能力，同时，我们还能够亲近世界。

此时，一个新生的子人格在身材肥厚笨拙的考拉小姐内心诞生了，那是一只敏捷矫健的小梅花鹿，轻快地跳过芳草地，朝魔法森林的尽头蹦去……

魔法心理小课堂

1. 投射

投射指个体依据其需要、情绪的主观指向，将自己的特征转移到他人身上，推测将自己身上所存在的心理行为特征在他人身上也同样存在。

2. 自我概念

自我概念指一个人对自己的看法、评价的总和，属于"信念"层次。

3. 子人格

我们每一个人心中，都存在许多个不同的自我，或者说，自我是多侧面的。心理学用了一个形象的说法，称这些不同侧面的自我为"子人格"。

第八章
病　毒

> 得了抑郁症，就像从山顶滑落到谷底；痊愈的过程，就像从谷底重新往山顶攀爬。在这个过程中，你会看到平常不站在山顶绝对看不到的景观，当然你也会经历很多绝对想象不到的事，收获受用终身的经验，吸取刻骨铭心的教训。

整个冬天，魔法森林都被冰雪覆盖。

虽然，"抑郁症"的阴云依然笼罩在魔法森林上空，但居民们不再谈虎色变，反而视这种情况为生活常态。从亘古之初，微生物、细菌、病毒、疾病就从未远离过魔法森林，它们与魔法森林世世代代的居民朝夕相伴，同生同灭。

学会与每一种陌生病毒共生共存，是亿万年来森林居民从祖祖辈辈那里学到的生活哲学。

最近，魔法森林电视台又播出了一档专访伏丽西的节目。一夜之间，伏丽西的一段话传遍了整座魔法森林。伏丽西说：

"请大家不要视'抑郁症'为敌人，不要视它为面目可憎的不速之客，要视它为你的一位朋友，虽然，它的出现让你不悦，但是，你要相信，它并没有恶意，只是为了给你提个醒。"

有了心理医生伏丽西这番温暖而有力量的话，这段时间，森林居民们见面时的寒暄语从"垃圾排了吗？"又变成"今天，你抑郁了吗？"。

感染抑郁症，绝非丢脸或可耻之事。大方承认，主动求治，寻求心理咨询师的帮助，寻求亲友的支持。把抑郁症当朋友，它总是会提醒我们一些什么。

日子就这样一天天过去了。

1. 争 论

心理医生语录

> 中医认为，心情不畅会导致身体和精神出现病症，出现肝气郁结。

这些天，空心树里，三个好朋友爆发了一场争论。看着公主的病情一天天好转，阿芙琳建议公主和父母恢复联系。阿芙琳认为，接受心理咨询以来，公主的情况稳定了很多，这时，亲人的守望相助便是火上加薪，能让公主痊愈得更快。

灰兔夫人的意见则是，公主是感染了抑郁症病毒，受了病毒的"诅咒"。既然三人都迷失在魔法森林，濡沫涸辙才是正道，只要齐心协力，找到魔法森林的出口，走出魔法森林，病毒自然就消亡了，那施于公主的诅咒也一定会解除。

阿芙琳说：

"不，抑郁症不是病毒，这是伏丽西告诉我的，抑郁症是每个人都容易得的心理疾病！亲人朋友的支持和帮助会帮助公主痊愈！"

灰兔夫人反驳道：

"魔法森林里，每个居民都说抑郁症是病毒，是从外面的世界传播进来的，而且还会传染。"

"那为什么伏丽西不开药不打针就能治好抑郁症呢？"阿芙琳反问。

"如果不是病毒，伏丽西为什么不告诉居民呢？"灰兔夫人纳闷，她质疑阿芙琳话里的真实性。

其实，伏丽西从未对阿芙琳说过，抑郁症是病毒，抑或不是病毒，但是，伏丽西却说过，公主患抑郁症的时间远远早于病毒在魔法森林里的传播。如果公主感染的是病毒，这么多天，同在一个屋檐下的三人，朝夕相处，亲密无间，为何阿芙琳和灰兔夫人未被感染？相反，三人的精神状态一天比一天好。由此，阿芙琳推断，所谓"深蓝色病毒"（后来更名"抑郁症病毒"）并非病毒！在这一点上，阿芙琳坚信伏丽西也是这么认为的，只是担心，凭森林居民有限的认知，暂时领悟不到这个道理，故而将错就错，顺水推舟罢了。

阿芙琳将她的推断和盘托出，灰兔夫人半信半疑，阿芙琳继续说：

"昨天，我到魔法森林图书馆，翻看了伏丽西推荐给我的心理学书籍。"阿芙琳掏出小本子，念她的读书笔记：

"抑郁情绪会引起很多令人不适的躯体症状，西医认为，抑郁症是大脑中神经递质紊乱导致的，比如，五羟色胺、多巴胺、去甲肾上腺素，治疗的方法主要是吃药，和感染病毒后服用抗病毒药、打针输液的形式差不多。"

阿芙琳顿了顿，翻了一页，继续念：

"但是，中医对抑郁症的认识很不一样。中医认为，心情不畅会导致身体和精神出现病症，先是肝气郁结，进而，人体脏腑、经络、气血津液都会出现阻塞，表现为，睡眠饮食失调，身体乏力，精神恍惚，躯体不适，有不明疼痛。这也是为什么公主有躯体疼痛的原因。这些症状都是情绪对身体的影响。治疗抑郁症，除了接受心理咨询，还要加强运动，发展人际关系，在情感上获得支持。"

阿芙琳一边念，一边绕空心树转了一圈，随后，合上本子，学伏丽西的姿势，挺直腰背，扬扬下巴，嘴角浅笑，猛地一转身，竖起右手食指，掷地有声：

"研究表明，人和人之间，抑郁情绪确实会相互影响，所谓近朱者赤近墨者黑，把情绪相互影响说成如病毒般'传染'，是一种形象的说法。比如，一个家庭成员患上抑郁症，每天悲观消沉，其他家庭成员多少会受这种无影无形的情绪影响。于是，抑郁情绪就像感冒病毒一般，无声无息地在家庭内部传染开来。"

阿芙琳如同发现了新大陆，引得灰兔夫人和公主都瞪圆眼睛、张大嘴巴望着她。

阿芙琳不好意思地笑笑，走到公主面前，抱住她轻音细语地说：

"公主，我希望你快点好起来，你让我想起我曾经的玩伴，她是我最好的朋友，也是我唯一的朋友，只是，后来，再也没有了她的消息。现在，我视你为我最好的朋友，无论怎样，我都会陪在你身边，和你一起共渡难关。"

灰兔夫人在一旁有点尴尬，她蹿上来，将爪子放在公主的肩上，说：

119

"公主,等你好起来了,你就想得起来怎么走出魔法森林,加油!我们一定能走出去!"

2. 原　则

> 🌸 **心理医生话录**
>
> 从心理咨询设置上来说,预约时间一旦确定,就不会轻易变更。

三天后的上午,公主再次敲响心理诊所的门。

公主的突然到访着实把考拉小姐吓了一跳。考拉小姐核实了预约登记簿,发现公主比预约时间早来了三个小时,排在她前面的预约者还有蓝精灵小妹和松鼠小弟。

穿白色背带裙的蓝精灵小妹,此时正专注地阅读《婚姻生存指南手册》。为配合心理咨询,伏丽西总会推荐一些心理自助书籍给来访者。公主四处望了望,见蓝精灵小妹正端端正正地坐在香樟木树桩上,嘴里念念有词,手指在一排排字上划过。新客人来了,她眼皮都不抬一下,目光像被磁铁吸住了一般,沉浸在书本的世界里。这几个月的心理咨询,配合心理自助书籍,蓝精灵小妹看镜子里的自己比先前娇美动人了不少,眉头舒展了,法令纹也浅了。在家里,她的笑声越来越多,和丈夫的关系也有了明显改善。他们还琢磨着啥时候怀个精灵宝宝。

客厅另一侧,松鼠小弟正趴在虫毯上玩沙盘游戏,他时而刨刨沙,时而换换沙具,摆来摆去,怎么也不满意。他又跳进沙堆,把沙具翻来覆去地上下打量,再捡起其他沙具仔细掂量对比。松鼠小弟从小身体瘦弱易生病,又是家里的独生子,父母如照料奇珍异草般,倍加呵护。松鼠小弟自小性格孤僻,玩伴很少,上学后频繁退学,总觉得班上每个同学都不喜欢他。他长得圆嘟嘟的,一条肉乎乎、蓬松的大尾巴僵硬地竖在屁股上。松鼠小弟恨透了这条大尾巴,觉得它影响了自己的身材。就因为身材不好,才惹同学嘲笑,又将其身材不好的原因归咎于父母的基因,一度和父母闹僵。经过一段时间的心理咨询,松鼠小弟每天早起,到森林里跳半小时的健身操,腰肢细了,胳膊与小腿鼓凸出几块肌肉,大尾巴也越来越灵活,能随着音乐节奏摆出十种姿势。身材日益健美,松鼠小弟的自信心也增加了不少。

公主刚进客厅时,想到要和蓝精灵小妹和松鼠小弟待上好大一会儿,心里有些发怵,后来,见两位朋友旁若无人地做自己的事,丝毫不关注她,公主的紧张感便消减了不少。

这时,考拉小姐端出一杯刚沏好的西湖龙井,公主伸出双手,礼貌地接过来。考拉小姐惊奇地发现,公主两侧翅膀羽毛最丰满的地方,竟长出一对粉嫩白皙的小手,手腕与翅膀的衔接处,是一丛油黑发亮的羽毛。接过茶杯时,那一对小手掌心朝上,掌纹脉络清晰,十根手指灵巧地伸直舒展翻动,像一把翠嫩的春芽被柔风捧起,又在柔风里旋转落下。

考拉小姐看得目瞪口呆,公主身上这些奇异的变化似乎在向周围人透露某种好信息,某种吸引你,却是意料之外的信息。有那么一刹那,考拉小姐全然忘记公主就是那只曾把她吓得魂飞魄散的怪鸟。

更让考拉小姐惊奇的是,眼前的公主,似乎对她身体发生的一切奇异变化浑然不觉。

接过茶杯,公主悄声说:

"考拉小姐,是这样的,我知道我的咨询时间是安排在下午,只是,我有很多话,有很多重要的事情想立即告诉伏丽西医生。"

"但是，前面还有两位来访者，他们提前一周就预约了上午的时间，从心理咨询设置上来说，预约时间一旦确定，就不会轻易变更。所以，公主小姐，你可能需要耐心等待。"

考拉小姐一口气吐出这一长串句子，舌头不打结，喉咙不发紧，她惊诧于自己社交恐惧的消失，惊诧于自己的自信与坦然。于是，她又提高了些许音量，想让蓝精灵小妹和松鼠小弟也听到，自己是一位多么坚持原则的助理。

"好的，考拉小姐，我知道了，那我就耐心等待吧，趁这个机会，我也可以看看书。"

公主亮晶晶的大眼睛里，露出少许失望，但仍不失礼貌地听从了考拉小姐的安排。她站起来，从书柜里抽出一本《抑郁症自助手册》，捧在手里翻阅起来。

3. 朋 友

心理医生语录

很多心理学书籍常常会用"战胜抑郁症"这样的字眼，患者也因此受到误导，以为抑郁症如同癌症、致命病毒一般难以战胜，让患者在饱受身心折磨的同时还被道德绑架。

鲜花时钟报了几次时。

一个上午的时间过去了，蓝精灵小妹和松鼠小弟相继进入心斋，又相继走出。公主看书出了神，全然忘却了时间，待考拉小姐端出几枚烤饼让她就奶茶吃时，她那被饿瘪了的肚皮，才像一面被轮番捶打的小花鼓一样,"咕咕咕"响个不停。

终于轮到公主了,她急匆匆走进心斋。伏丽西正安详地斜倚在檀木椅上,手托腮帮,笑呵呵地看向公主。公主有点羞涩地说:

"伏丽西医生,我今天一早起来,想到的第一个人就是你,我有好多话要和你说。"

伏丽西半启朱唇,轻轻吐出一句话,声音像一只细小的蜻蜓,从她喉咙里飞出,在空中悬停一会儿,又振动羽翼朝公主飞来,在空中划出一道半透明的绿影。伏丽西说:

"好的,慢慢说。"

头十分钟,公主一直在努力解释自己为什么早到了半天。

这些天,她每天晚上临睡前,都会按照伏丽西的要求认真做咨询作业。每次做完"照顾养护小树"的想象练习,就像一个自己和另一个自己做了一场有深度的对话。总体来说,这些天,公主的心里波澜不惊,或者说,异常平静,有几天还能体会到久违的快乐感,轻生的念头完全消失了。

"伏丽西医生,这是我最想和你分享的,现在,想起那个每天生活暗无天日、天天嚷着轻生的我,恍若隔世,好像那不是我。"

公主这一番反馈,自然在她的预料之中,让伏丽西感到欣慰。子人格一旦被矫正,来访者就会出现这种"不认识旧的自己""恍若隔世"的感觉。

"只是,我又遇到了新的问题。唉!人生的问题怎么像割不完的韭菜,割一茬长一茬!我不知道该不该和父亲和母亲恢复联系。"

自从公主二度遭遇莫兹女妖,随之逃离宫殿,迷失在魔法森林里,她就再没同父母联系过。

公主回忆，在轻生念头最强烈的时日里，她的时间感消失了，整日里昏昏沉沉，日薄西山，才说起床；日出东方，身体才有了一丝倦意，倒头呼呼大睡。有时，一睁眼，夜半三更，翻个身，却再也睡不着了；有时候，夜空繁星点点，她才发觉肚内空空，胡乱吃点东西，又晕头转向，沉入梦里。

阿芙琳和灰兔夫人问她在魔法森林里受困了多少时日，她实在说不清，也许一年，也许一千年。那段时间，她头部胀痛，浑身发麻，脖子、背部又出现无名的疼痛，胸口闷得慌，像有块大石头整日堵在胸口，又像一把黑色的巨手没日没夜地把自己的心肝肠肺揪着往下拽。整个身体被一种强大的虚无感占据，那种空的感觉，像一个徒有其表的纸人，又像一具能吃能动却没有灵魂的僵尸……她只得每日用头撞树，驱赶头部的阵痛，每日用小刀般的嘴啄自己，拔羽毛，驱赶那比癌症还难以忍受的躯体疼痛。即便如此，整个人仍迷失在无边无际如被整个世界唾弃的孤独与羞耻里。

那段时间，公主偶尔会想到父母，但一想到父母，她那绝望的、不被认可的感觉又来了。她有时会恨父母恨得牙痒痒的，恨他们不善经营婚姻，恨他们给自己造成了永难修复的心理创伤，恨他们把自己培养得如此无能、懦弱，以致永远失去与他人平起平坐的希望——即使一度是天之骄女，仍会被可恶的莫兹女妖欺负羞辱。

后来，经过几次心理咨询，公主知道，原来自己罹患了抑郁症，自己的情绪、躯体感觉、认知思维、信念都受到抑郁症的摧残。她将迷失在魔法森林之后的记忆条分缕析，决定开始一场与抑郁症的对抗之争。

轻生念头减弱后，公主的关注点就回到人际关系上。与异性的关系、与同性的关系、与父母的关系成为她这几天着重思考的问题。

她一直记得伏丽西在《扪心问诊》里说过的一句话：所有心理问题都与人际关系有关。

相比之前，公主此次的叙述，表明她对自己的认识日益清晰，自我改变的意愿也越来越强。伏丽西认可地点点头，说：

"很高兴看到你的这些变化。从这次咨询开始，我需要你意识到一个重要问题。抑郁症并非我们的敌人，你甚至可以化敌为友，让它成为你的朋友。你想想，如果没有经历过抑郁症，没有经历过与死神擦肩的至暗时刻，你会收获阿芙琳和灰兔夫人这两个好朋友吗？你也不会到我这里来。"

"你的话听起来有点道理，但谁也不想得抑郁症呀，如果说得了抑郁症会有这些好处，那我宁愿不得抑郁症，也不要这些好处，我只想正常生活。"

公主明确地表达了自己的意见，反驳道。

"我想表达的是，得了抑郁症，就像从山顶滑落到谷底，痊愈的过程，就像从谷底重新往山顶攀爬。在这个过程中，你会看到平常不站在山顶绝对看不到的景观，当然你也会经历很多绝对想象不到的事，收获受用终身的经验，吸取刻骨铭心的教训。但这些，不都是山的风景吗？刚才我说的那些好处，只是舞台幕布掀开的一个角，只是在谷底坐井观天，更多的收获还在后面呢。因为，抑郁症这位朋友，它会不断提醒你一些事，一些你需要为更美好的生活付诸努力的事，并持续不断地帮助你达成目标。很多心理学书籍常常会用'战胜抑郁症'这样的字眼，患者也因此受到误导，以为抑郁症如同癌症、致命病毒一般难以战胜，让患者在饱受身心折磨的同时还被道德绑架。似乎自己没有'战胜抑郁症'是因为意志力不够，是缺乏积极乐观的精神，是自我力量不够强大。心理医生如果也按照这种理念去做心理咨询，就不能真正帮助到来访者。"

4. 你是一个独特的人

> **心理医生语录**
>
> 在人本主义取向的心理咨询师这里，我们看不到抑郁症，看不到病，只看得到一个个独特的遭受情绪困扰的人。

听完伏丽西关于"抑郁症是友非敌"的一番阐释，公主似懂非懂地点点头。

此时，一幅景象在她眼前浮现：她心的"深缝"里，似乎出现了一方池塘，池塘的角落长出一朵花苞，随风摇曳。她很想从大脑的词句库里调出一些词来形容这种感觉，想了许久，却不知怎么表达。

许久，她问：

"那我需要怎么做呢？"

伏丽西提高音量，用坚定而有力的语气说：

"和抑郁症做朋友的第一步，去标签化。从今天开始，你不再是一个抑郁症患者。要知道，称呼一个人是'患者'，意味着他生病了，病了只能去看医生，吃药打针，但是大象医生却帮不了你。你找到我，我不开药不打针，我一直要你主动配合咨询，激发你的自我改变意愿，强调你对我的信任，这不是医生对待病患的方式，而是一个人帮助另一个人，一个生命影响另一个生命。所以，从你主动寻求心理咨询的那一天，从你意识到你需要改变的那一天，从你对我产生信任的那一天，你就不再是抑郁症患者，而是一个遭遇了严重情绪困扰的普通人，你是一个独特的人,你正在积极努力地让自己过上健康快乐的生活。"

"你的意思是,我要告诉自己,我不是一个抑郁症患者,这不是指鹿为马吗?会不会是一种自我欺骗?我确实是一个抑郁症患者呀!"

公主再一次明确表达自己的观点,她不再有顾忌,直接说出自己的疑虑,在表达方面,越来越相信自己的感觉。

伏丽西说:

"公主,从今天开始,我会称你是一个遭受抑郁情绪困扰的人,而不是病人。在人本主义取向的心理咨询师这里,我们看不到抑郁症,看不到病,所以,我们看不到抑郁症患者,看到的只有人,只有一个个独特的遭受抑郁情绪困扰的人,但是,他们都在积极努力,想过上健康快乐的生活。我相信你很想好起来,现在你可以用这句话来描述自己吗?"

公主并没有完全听懂这番话,伏丽西也并未指望她一定要听懂,在外面的世界里,很多自诩妙手回春的医生,若不学习心理学,也难以理解这些道理。

但是,意识里没懂的,潜意识都懂,这是公主在红城堡学院上学时,从某本讲精神分析的书里读到的话。此刻,公主在意识上虽然有一种隔岸观火、雾里看花之感,内心却又多了一丝希望:那朵开在池塘角落的小花,花瓣外展,含苞欲放,在风中摇曳生姿。

"嗯,虽然我不能完全理解,但是,我会按照你说的去做。呃,怎么描述呢?我是一个遭遇过严重情绪困扰的人,现在,我希望我能拥有更健康、更快乐的生活。这么一说,那种觉得自己很糟糕的感觉还真少了一些,哈哈!"

在这句话里,公主用词极其严谨,她刻意用"遭遇过",而非"遭遇了",强调语句中的过去时态。

见公主笑了，伏丽西嘴角抽动了一下，表情反而严肃了起来，关于抑郁症的讨论到此为止，咨询的时间也到了。

伏丽西说：

"现在，你准备好和父母联系了吗？"

公主点点头，预约了下次咨询的时间。

一位优秀的来访者绝不是那些自诩智商高、博闻强识之人，而是类似公主这般，愿意信任心理咨询师，愿意与之配合，愿意放弃陈旧信念之人。

伏丽西将公主送至心斋门口，考拉小姐过来，将公主送了出去。

公主的背影渐渐远去，伏丽西回到心斋开始写咨询记录：

我一直在怀疑，"抑郁症"是病毒吗？到底有没有一种病毒叫"抑郁症"？

仅在魔法森林里，受抑郁情绪困扰的人就数以千计，他们视抑郁情绪为洪水猛兽，如绝症，如致命"病毒"。

他们中，有的整日忧心忡忡，焦虑万分，生怕自己被感染；有的整日缩在巢穴里，把自己锁在家里，用自我封闭的方式来隔绝"病毒"；有的呢，但凡出现一点情绪波动，就犯了疑心病，怀疑是谁谁谁把"病毒"传染给了他，自此，他们出现受害者心理，觉得整座魔法森林的人都欠他的。

我承认，抑郁情绪在亲近的人之间确实会相互影响和传染，但是，真正让居民们身心俱损的并非抑郁情绪，而是被创造出来并在森林里流行的，视"抑郁"为病毒的观念。

在这个观念流行前，几百万年来，情绪低落、沮丧，偶尔会觉得活着没意思都被魔法森林的居民视作生活常态，就像天有刮风下雨，月有阴晴圆缺，再正常不过了。但是，自从这个观念在魔法森林里盛行，自我诊断为"病毒"感染者的人就以几何倍数递增。这就是人们的群体暗示和自我暗示的心理。

我越来越确信，根本就没有"抑郁症"病毒这回事。

魔法心理小课堂

人本主义心理疗法

人本主义心理疗法是以人本主义心理学思想为指导，强调促进个人的全面成长，注重治疗关系及其影响因素，反对技术至上。治疗的目标远非症状的消除、环境的改善或问题的解决，而是着眼于个人的成长、自我的理解、再教育和自我实现，帮助来访者澄清他自己的信念和价值观。

第九章
父　母

> 当你能用语言表达你含糊不清的情绪时，你的关注点就不再是困扰你的情绪本身，你不再怨天尤人，而是集中注意力思考，如何成为一个更好的自己，如何去解决现实问题。

每一天，日头都很短很短。

持续数月的严寒冻住了大地，冰封了大河，却没有冻住森林居民的生活热情。森林中的妈妈们安顿好儿女，便在家里的竹笼内点上柴火，邀来三五个邻居好友，拉点家常，聊聊闲话，今天去他家，明天来你家。天气若晴好，孩子们便趁大人不注意，一溜烟跑出门，相约去冰封的河面上溜冰。嬉戏的嬉戏，摔跤的摔跤，打滚的打滚，好不热闹！没玩多久，妈妈们就出来寻各自的孩子，佯装生气地嗔骂几句，再揪几下耳朵，命令孩子即刻回家吃饭。孩子们则依依不舍地告别，再私下约定下回偷溜的时间。

这样的快活日子，一百年也不嫌长。

1. 咫尺天涯

心理医生语录

一家三口，生活在三个不同的星球。也许，浩瀚的宇宙里，地球与月亮和大熊星也近在咫尺吧！只是，咫尺便是天涯！

公主决定和父母恢复联系。

晚上，她一个人走出空心树，来到一片空旷的砾石堆。一层薄雪覆盖，地上像撒了千万颗形态各异的碎银，踩上去哗啦作响。月光倾泻而下，半空，团团忽明忽暗的薄雾缓缓升起，又缓缓降下，一旦走近，薄雾就不见了踪影。

那触不可及的光与雾，就像那触不可及的亲情。

公主抬起头，眼里已噙满泪花。此时，月亮就在头顶，大熊星也在头顶。银河系里，大熊星是一颗很小的行星，它黯淡的光芒似乎只为衬托此刻那耀眼如银盘的月亮。远远看去，浩瀚的宇宙里，大熊星和月亮挨得多近，那和谐的距离，仿佛在向世人宣告，他们是多么幸福美满的一家子。他们一小一大，此刻相互依偎，就像藤萝依缠大树，就像蝴蝶卧眠花蕊。

据说，他们成亲的那天，星族人都发来贺电，称赞星族历史上，没见过比他们更般配的夫妻了！所有星族人都想当然地认为，月亮、星星天生是一家，从家世、门第、习俗来说，月亮王就该娶大熊星公主。

但是，如果以光年测算，大熊星和月亮之间的距离可能有一千光年吧！这一千光年，也是月亮王和大熊星公主的心理距离。曾经，他们努力靠近过彼此，只是，这些努力都以失败告终。他们搬到地球之后，都为建立幸福美满的小家忙乎过。但是，即使住在同一座宫殿，同一间卧室，他们的心理距离也有一千光年，而且，越来越远。离婚后，他们回到各自的星球，重新保持相守相望的距离。再后来，父亲很快就有了自己的新家。

此刻，父亲在干什么，母亲在干什么呢？地球和月亮的距离有多少光年？地球和大熊星的距离有多少光年？

一家三口，生活在三个不同的星球。

也许，浩瀚的宇宙里，地球、月亮和大熊星也近在咫尺吧！只是，咫尺便是天涯！

公主试着对月亮说话，对大熊星说话，她不奢望被父母听到，只想一吐心声。

万万没想到的是，她收到了来自月亮和大熊星的呼叫信号。砾石堆的上空，刚才那团忽明忽暗的光雾凝结成两条雾状的光柱，淡绿色的光亮跳动闪烁。之后，父亲和母亲的影像分别在两个光柱内现身，像是天空打开了两扇门，父母从各自的星球降下，站在门框内，齐刷刷地看向公主。

"爸爸！妈妈！"

公主双腿一蹦，跃上半空。

为了女儿的一声召唤，父亲、母亲同时突破了光年的时空桎梏。现在，一家三口如此之近。父母苍老了不少，公主也长大了许多。

曾经，她有多爱这个世界，她就有多爱父母；只是慢慢地，一切都变了……后来，她有多怨恨自己，就有多怨恨父母。

但是，此时此刻，爱恨全然消泯。

2. 家庭规则

> **心理医生语录**
>
> 在所有幼小的孩子那里，父母就是他的整个世界，这么说，一点都不过分。

心斋。

公主看着伏丽西，缓缓说出这件事。

伏丽西说：

"你的意思是，你与父母恢复了联系？真的很好，这需要很大的勇气。你和父母交流了吗？"

（1）父亲。

那天晚上，公主和父亲交流了很多。

她说到自己如何被莫兹女妖伤害，如何遭受抑郁情绪，如何迷失在魔法森林，如何每日里都想着怎样才能消灭自己的灵魂。

听完女儿声泪俱下的讲述，父亲沉默许久，然后，他义正词严地说：

"你看你现在这个样子，完全不是我期待中的女儿，你把一个星族人眼中的天之骄女活成了一个只会悲愁垂泣的人。你为什么会变成今天这个样子？你问我这个问题，这个问题我应该反问你，你为什么会变成这样？还是让我替你回答吧！因为你的一切想法、做的一切事情都是错的！"

接下来，父亲便开始数落公主犯下的种种错误、种种不应该，就像他斥责幼年的女儿那般。最后，他认定，女儿之所以从一个众星捧月的公主变成今天这般衔悲茹恨的模样，其根本原因就是——没有好好听父亲的话。

公主被父亲的这番话深深伤害了,她被一种巨大的受伤感撕裂着。许久不见,父亲变得越来越伪善,把他在月宫里做王做主的姿态摆出来。此外,公主还感觉被欺骗。多年来,她一直很尊敬父亲,就在和父亲谈话的头一天,她还在为曾怨恨过父亲深感自责和愧疚。可是,此时此刻,她真的很讨厌父亲,讨厌他说大道理的样子,讨厌他嘴里吐出的每一个道德标签。这么多年,她一直努力逼迫自己活成父亲所期待的样子,她比所有同龄人都努力,在"逼迫自己"这条路上已走到山穷水尽。如今,她的付出、她的成绩、她所经历的痛苦和耻辱,父亲不仅一字不提,还把她辛勤的努力统统否定掉,如同在她心上狠狠踩了一脚。她做的一切,在父亲眼里,都是错的——她就是一个不合格的女儿!瞬间,她有一种被父亲骗走了前半生的感觉。

想到这里,再看看面前严肃的父亲,公主悲从中来,但是,她硬生生地把眼泪逼了回去。真相虽然残忍,直面真相虽然痛苦万分,但是,她又有一种奇特的解脱感——那一瞬间,一个新的自我似乎从一个名叫"他人期待"的枷锁里挣脱了出来,她似乎还听到枷锁落地的声响,随之,另一个套着枷锁的自我从万丈高空跌落在地,摔得粉碎。

(2)母亲。

公主用乞怜的眼神望向母亲,母亲面无表情,一言不发,一副誓与父亲冷战到底的姿态。从小到大便是如此,但凡父亲给公主灌输一些人生大道理时,母亲从不表态,不支持,不反对。如果他们有家庭规则的话,家庭规则中的第一条便是:在教育子女时,夫妻俩必须暂时休战,摒弃前嫌,共同御"敌"。在幼小的公主眼里,母亲的不表态便是默认,母亲似乎完全认同父亲对自己的一切教诲。既然向来对父亲的言行都报以轻蔑与不屑的母亲，此时却全然认同父亲的教诲，公主便由此发展出另一套规则：父亲的教诲绝对是世间唯一正确的教诲。在所有幼小的孩子那里，父母就是他的整个世界，这么说，一点都不过分。

（3）信念。

父亲的教诲可以用几句话来概括：你一定要听话；你一定要比所有人都优秀；如果你比不过别人，都是你的错，因为你不努力；如果你比不过别人，会丢整个星族人的脸。久而久之，这些话成了根植在公主心中的"信念"。

渐渐地，公主又发展出另一套与父母有关的"信念"：只要自己一直听话，一直比别人优秀，父母的关系就会变好，他们就不会争吵，不会整天把"离婚"挂在嘴上。残酷的事实则是，家还是散了。

自此，驱动公主上进的"信念"崩塌了，她发展出"自挫式信念"：一切都是我的错，我不够优秀，所以父母离婚了；我是罪人，是我导致父母离婚的。在这期间，她的愧疚、自责、羞耻、罪恶感和自我憎恶如黑羽毛一般疯长，她不明原因的躯体疼痛在这期间出现，越来越严重。

在与伏丽西的交谈中，公主一点点梳理了"自挫式信念"的源起及发展脉络，"自挫式信念"对自己情绪的影响，对人际关系的影响。

借用"火山理论"，伏丽西做了阐释。

伏丽西说，这些信念自公主儿时便存在，根植于潜意识中。潜意识里的"自我概念"便是：我是罪人，我糟糕透顶，因为自己怨恨自己，自己瞧不起自己，主人格内部便出现丑陋可憎的"子人格"。这些藏于"潜意识"的"子人格"随之滋生出"前意识"里的"自挫式信念"。所经历的一切不愉快的"事件"，则一次次强化她的"自挫式信念"，进而影响她的情绪，她被迫一次

135

次体会令人崩溃的羞耻感和自我憎恶感。

"莫兹女妖"事件，在很多人看来，可能就是两次不愉快的旅游经历，对公主而言，却是在火山底引爆了炸药，撼动地幔，扰动地核，炸出古老岩层里的滚烫岩浆——"自挫式信念"（我不优秀，我比不过别人，我导致父母离婚，我是罪人，我不配活在世界上……）如火山爆发，像地狱张开血盆大口，"情绪"的黑灰如一头从地底蹿跃上来的恶魔，把公主的世界搅得暗无天日。

3. 一念"新我"

> **心理医生语录**
>
> 当你能用语言表达你含糊不清的情绪，你的关注点就不再是困扰你的情绪，你不再怨天尤人，而会集中注意力思考，如何成为一个更好的自己，如何去解决现实问题。

探讨到这里，公主觉得一切都明朗起来，她说：

"在开始讲述时，我是胆战心惊的，我觉得，怨恨父母不应该，怨恨朋友不应该，但是我又控制不住这种突如其来的怨恨感，我又开始为怨恨感而内疚，对自己竟然会怨恨父母而愤怒，之后，我又差点陷入那种自我憎恶、自我厌弃的情绪漩涡里。刚才，我猛地察觉到，每次我将要陷入情绪漩涡前，似乎都有一点征兆。就在前一秒，我似乎看到，我在一潭污水里，面前有一个漩涡，我差点被一股巨大的、来自水下的吸力吸进去，我一直提醒自己当心，又控制不住被漩涡吸住。下一秒，我一使劲,一蹬腿,避开了漩涡。现在,眼前是清澈的池塘,还有一池莲花。对,就是这种感觉。"

见公主情绪觉察能力增强了不少,伏丽西问:

"那你觉得,是什么原因让你差点被情绪漩涡吸进去,又是什么原因让你这次能成功避开呢?"

公主不假思索地回答:

"因为我能说出我的情绪了。"

说完这句话,公主停了停,她在思考脱口而出的这句话,直觉告诉她是这个原因,中间那条"道理"的桥梁是什么,她还未搞清楚。但是,既然伏丽西一直让她体会感觉,相信直觉,她就索性赌上一把,相信感觉的力量。

"是的,你说得非常棒!你敏锐的直觉让我惊叹。从这件事情上,你会学习到一个处理自己情绪的重要方法。当我们出现某种负面情绪时,如果你能用情绪词汇将它们一一标注出来,那些情绪就不再困扰你了。你看,刚才你的那段话,用了很多情绪词语——胆战心惊、怨恨、内疚、愤怒……"

听完伏丽西的反馈,公主欣喜地晃晃脑袋,她说:

"真是这样,当我能用语言表达出我的感觉时,一个'新我'似乎就诞生了,'新我'看着那被怨恨、愤怒、内疚折磨得死去活来的'旧我',似乎在说,可怜的小东西,这不是你的错!"

伏丽西说:

"是的,这不是你的错,公主!"

公主正在反复回味和咀嚼这句话,略等了一分钟,伏丽西接着说:"当你能用语言表达你含糊不清的情绪,你的关注点就不再是困扰你的情绪,你不再怨天尤人,而会集中注意力思考,如何成为一个更好的自己,如何去解决现实问题。所以,你会有一个'新我'诞生的感觉。很多时候,人的成长不需要花上三年五年,就是一念。你体会到这一念的力量了吗?"

公主抬起手,抚弄了一下前额,此时,她前额的黑羽毛片片飘落,几缕柔柔的额发从毛桩处长出来,长成一排齐齐的刘海。

公主仍然对自己身体的变化毫无察觉。思考片刻,她说:

"有点这种感觉,虽然说不清楚,但我能明显感觉到,现在的自己和刚进来的自己很不一样了,具体哪里不一样,我也形容不出来。可能就是你说的一念吧。"

说到这里,公主突然明白,那晚,与父亲交流时,断掉的那个枷锁就是自己的某个"信念",锁在"枷锁"里的自己也是某个持旧信念的"旧我"。这么多年,她一直努力在父母面前维持"天底下最优秀"的女儿形象,从来不敢把自己的脆弱告诉父母,当自己鼓足勇气说出自己的脆弱时,一个勇敢的"新我"就在说的过程中建构起来。随之,一个活在"他人期待"中的"旧我"就随之消失。

原来,语言,有这么大的威力!公主在心里暗暗赞叹语言的力量,赞叹伏丽西耐心的引导、剖析,赞叹那破茧重生的"新我"。这时,这个"新我"还很弱小,像上次咨询中那棵孱弱的病树,需要持之以恒地养护和照顾。

4. 真　相

> **心理医生语录**
>
> 新的发现和结论,并非一定要取代或推翻以往的发现和结论,而是在成长拼图上拼出新的一块。

起风了,蚕丝窗帘被风撩动,在风中跳起悠扬的回旋舞。

说完最后一句话，公主一直凝视墙角，眼波流转，似乎墙角有一件新奇的古玩夺去了她的注意力，激发起她强烈的探索欲。

见公主陷入沉思，伏丽西把身子斜了斜，更换了个坐姿，伸出食指，轻叩木椅扶手，发出一串有节奏的弹拨声，"嗒嗒，嗒嗒嗒，嗒嗒……"

此时，公主内心某根琴弦被拨动，她说：

"刚才，我似乎被催眠了，有种突然不知身在何处的感觉。"

伏丽西笑笑，说：

"每个人又专注又放松地做某件事时，都会进入自我催眠的状态，这种状态下，人们会更易从心理咨询中获得益处。今天的咨询，你想解决什么问题呢？"

公主想了想，说：

"今天来之前，我以为我想解决的就是与父母的关系问题，但是，现在，这个问题似乎又不太急迫了。咨询前，我是又怨恨又愧疚，现在，释怀了很多。我突然明白，我挽救不了父母的婚姻，他们的人生不是我毁掉的，他们的离婚不是我的错，发生的一切都不是我的错。虽然，我依然渴望与他们亲近，但是，这需要时间，并不是每个人都如同电影里演的那般与父母无话不谈。只要我能释怀，他们安好，便万事大吉了。所以，我还是想解决我和异性交往紧张的问题。上次咨询之后，我和那位青年猎人又见了两次，我的紧张感少了一些，但依旧还在。我想，这个问题如果能得到彻底解决，我的自信会提升很多。"

伏丽西正想进一步了解公主和青年猎人谈话的经过，公主突然从草甸椅上跳起来，她周围的空气随之震动，前额的刘海像一排跳皮筋的小女孩，齐齐地伸直小腿，抬得老高，又急速坠地，准备进行下一次弹跳。

公主兴奋地说：

"刚才你帮我分析了父母对我的影响后,我突然发现,我和人交往时的那种紧张,就像我面对父母时的紧张感觉,尤其是面对父亲时。我似乎总想去讨好别人,就像我小时候总想去讨好父亲一样。我对很多事情明明有自己的看法,却常常不敢表达意见,就像我小时候面对父亲的教导训斥时,我从来不敢发表自己的看法,只能默默地听着一样。现在想来,他说的很多也是不对的。我更不敢表达我对他人的不满,不敢拒绝别人,不敢提出反对意见,就像我最讨厌做父母的传声筒,但是我却总表现得很乐意似的,却常常自己一个人躲在墙角偷偷流泪,我生怕他们看到我哭,生怕他们以为我不想传话,索性不让我传,这样一来,家就散得更快……"

公主一口气说了一大堆新的"发现"。在心理咨询初期,对很多来访者而言,面对真相是一件极其困难而痛苦的事情,但是,痛苦只是一道通往真相的门槛,当你趴地掩面不敢直视它时,它就高不可攀,当你站起来,却只是抬脚一迈之事。此时,公主已跨过那道痛苦的门槛,进入通向潜意识真相内室的入口了,此种欣喜,如同一个学禅的小和尚被方丈用禅杖击打多次,某个凌晨突然参悟佛法,一边疼着,一边乐活着,乐活的感觉让他旋即忘记身体的痛。

公主继续叙述心得,她发现,自己和人交往的情绪和行为模式源自与父母的相处,尤其与父亲的相处,而父亲是她生命中第一个重要的异性——所以,她和异性交流的紧张感远远多于与同性的交往。

在伏丽西看来,公主能主动将与异性交往和父母影响两件事联系起来,意味着她的内在成长拼图越来越完整,她的内在整合感越来越强,她不再受困于自己的情绪和亟待解决的问题,而试图先让问题变得透彻明晰,再凝神静气各个击破,一一整合。

关于人际交往的问题，每次心理咨询中，伏丽西都会引导公主从不同角度去思考。这次，对公主积极的内在探索，伏丽西也持鼓励和支持的态度。一开始，公主有些纳闷，为什么每次思考人际交往的问题时，找到的原因都不尽相同。伏丽西则认为，每次咨询，对同一问题的思考，她允许和鼓励公主有新的发现，得出新的结论，也希望公主允许和鼓励自己有新的发现，得出和以往咨询全然不同的结论。这些新的发现和结论，并非一定要取代或推翻以往的发现和结论，而是在成长拼图上拼出新的一块。

这次咨询就这样结束了。伏丽西在银杏叶本子上记录下这样的话：

> 重要的是解决来访者的问题，而非解释问题，心理医生如果固守一成不变的解释，只会限制来访者的内在探索。来访者积极主动的内在探索和觉察，却是通往自我成长的最有效途径。

魔法心理小课堂

家庭规则

"家庭规则"是家庭治疗大师萨提亚提出的重要概念，是指家庭成员在家庭内部学习到的期待，比如说，应该如何与人打交道，如何处理现状，通常包含一些像"一定要"和"绝不"这样的词汇。良好的家庭规则会促进家庭成员的健康成长。但如果家庭规则过于绝对和僵化，或者非人性化，甚至规则之间有矛盾，就会影响家庭成员个性的发展，妨碍家庭关系。

第十章
猎　人

> 表达之后,公主内在的"愤怒"之火消失了,火燃烧过的地方,残余了一些灰烬、一些坚硬的石头。这些石头堵在她的胸口,那种抑郁时胸口发闷、沉重、堵得慌的感觉又来了。

仅觅食这件事,森林居民中的爸爸们需要每天安顿好妻儿,再探头探脑地出门,扛个铁锹,背个背篓,沿着雪地上别人踩过的脚印,深一脚浅一脚地从森林南头寻到北头,再从东头寻到西头,刨雪,翻找,采摘,一去就是一天。回到家,日头已暗下。爸爸们满载而归的同时,还带回一肚子妻儿们爱听的历险故事:谁谁谁掉进雪洞,又被谁谁谁救出来;谁谁谁误食了毒蘑菇,两眼一翻,倒地抽搐,又被谁谁谁撞见,才从西天捡条命回来。这些故事,讲到第二天日上三竿也讲不完。

1. 赤身裸体

> **心理医生语录**
> 深缝里还站着一个很紧张的小人，正和猎人面对面站着。这个小人并不是你，他会是谁？

心斋。

这几天，为了兑换魔币，公主又见了青年猎人几次，或者说，为了见到青年猎人，公主去兑换了几次魔币。

做了几次心理咨询之后，她想到猎人，见到猎人，听猎人说话，都不再有紧张感，只是，轮到自己说话时，她还是紧张。

比如，猎人说起，大雪对精灵的生活造成了严重影响，连续几个月的冰封期，精灵和森林居民们一起过起采摘生活。这时，青年猎人问公主，你每日里如何安排生活，住哪里。说话时，他的目光转向公主。这时，公主的小心脏立刻胡乱蹦跳，本是一个很平常的话题，本可以自然大方地回答，公主却被憋得面红耳赤，半天才吐出几个字，磕磕巴巴的，身体也紧得像个拧紧的发条。

公主说：

"这个问题应该在我身上存在了好长时间，在湖泊中学读书时就出现了，只是，这么多年，我一直回避与异性交流，所以，这个问题就被封藏了起来。这些天，我和阿芙琳、灰兔夫人的交流越来越顺畅了，但是，面对猎人，只要轮到我说话，我还是会莫名其妙的紧张。"

伏丽西说：

"好，我们现在就一起来面对这个问题。现在，请你把注意力转向你心里的深缝。想象青年猎人就在那条深缝里，此时此刻，深缝里还站着一个很紧张的小人，正和猎人面对面站着。去看看，这个小人长什么模样。"

用这样的方式，伏丽西有效地搅动了公主的潜意识，去了解她更多的子人格。

公主闭上眼睛，运用伏丽西教她的呼吸放松技巧慢慢进入想象世界。在想象中，她看到了心里那条熟悉的深缝，只是，这次，这条深缝看上去和以前有些不一样。以前，因着这条"丑陋"的深缝，心像豁开了条大口子的老式皮包，口子边缘还凝结了少许黑紫色的血痂；又像一张血盆大口，一旦被吞进去，便有各种黏糊糊、乱糟糟的未知和恐惧翻涌上来。今天，这条"深缝"变成一道微微开启的门，轻轻一碰就开了，公主推门而入，走进一条深黑的隧道。

"沿着隧道一直走，前方有微光，沿着光的方向走，我看到一个出口。出去后，眼前是一片大海。我到了海边，站在沙滩上……我看到那个紧张的小人了，是一个浑身颤抖的小女孩，六七岁的样子。她非常紧张。沙滩另一头，远远地站着一个男人，我努力把那个男人想成是青年猎人，但是，无论我如何努力，那个男人的身形和面孔很模糊，既熟悉又陌生，这个男人就站在远处静静地看着小女孩。小女孩浑身湿漉漉的，像刚从海里游泳上来，她赤身裸体，一丝不挂。她很害怕，觉得周围人都看到她的身体了，她觉得很羞耻，想逃，身体却像被施了定身术，脚像被沙子吸附，她动不了。"

伏丽西引导公主在这个想象的场景里多待一会儿，在自己紧张的感觉里停留一会儿。一开始，公主极其不情愿，她觉得很紧张，有点喘不过气来，她伸出那双新长出的小手，揪起身体两侧的一小撮羽毛，烦躁地扭动身体，黑色的羽毛开始掉落。

"去看看这个小女孩，这个小女孩很紧张，她就住在你的心里，此刻，就在海滩上。她长什么样？她的身体姿势如何？"

伏丽西安抚着公主，让她继续去感受这个新出现的子人格。

公主的左眼角淌下一滴泪水，她说：

"她双手环抱在胸前，非常害怕，瑟瑟发抖。她长得……她就是小时候的我……天哪！我都差点忘了我小时候的模样，但是，她确实是小时候的我，那时，大人都叫我小小。"

2. 遮 掩

心理医生语录

一旦察觉自己有自卑和羞耻，人的第一反应就是遮掩。所以，为了遮掩内在的自卑与羞耻，在平日的生活里，我们常常裹着"遮羞布"，衣服就是人类的遮羞布。

"赤身裸体且自觉羞耻"的子人格在很多人的梦里都出现过，在心理咨询中，无论蓝精灵小妹、松鼠小弟还是骡子伯伯，都有过类似的子人格。

伏丽西从这两个方面去理解这个子人格：第一，我们每个人都赤条条地来到世界上，赤身裸体本是我们存在的真相，但因着后天的种种，我们对自己的身体产生不自信和羞耻的感觉，进而害怕他人注意到我们的身体。所有的不自信都首先源于对身体的自卑。越自卑，就越担心他人会看到我们不完美的甚至丑陋的身体，越担心越紧张，越紧张就越不自信。所以，在他人面前，尤其在异性面前，就常常有一种自觉"赤身裸体"的羞耻感；第二，一旦察觉自己有自卑和羞耻，人的第一反应就是遮掩。所以，为了遮掩内在的自卑与羞耻，在平日的生活里，我们常常裹着"遮羞布"，衣服就是人类的遮羞布；第三，更多的时候，人不仅遮掩，还会装扮，把自己装扮成一个厉害的角色来掩饰自己的自卑与羞耻。"面具"则充分满足了人的装扮欲。最早的面具产生于狩猎和祭祀，猎人用面具把自己装扮成各种动物，巫师用面具把自己装扮成神鬼。日常生活中，我们今天戴一副"讨好他人"的面具，明天戴一副"我很厉害"的面具，越怕他人看到那个羞耻、自卑得如同赤身裸体的我，我们越把"面具"死死罩在身上，整日惶恐不安，一刻也不敢让其离身。

所以，"赤身裸体"的子人格在提示我们，遮掩无益于自信的发展，遮掩无益于自我成长，你需要真实地面对并接受那个不完美的身体，那个不够优秀的自己。

在和伏丽西的讨论中，公主渐渐明白了这个"赤身裸体且自觉羞耻"的"小小"所象征的含义，她的情绪慢慢缓和下来，身体放松了一些。再返回海滩看小小，小小也不那么紧张害怕了，好像觉得赤身裸体也没什么，自己是小孩子，哪个小孩子不是光着屁股？即便被人看到，后果也没那么严重。当小小出现这样的感觉时，对面那个身形模糊的"异性"就消失了。小小觉得自己可以暂时喘一口气，只是，她觉得身体很冷，因为海风呼呼地吹着。

一旦洞察了"赤身裸体"所蕴含的象征意义，我们对身体的自信就增多了几分，对不完美之处的接纳也随之增多，自我成长一旦发生，我们便能敏锐地捕捉到更多的内在需要。此时，小小身体的冷，是渴望被保护，渴望被陪伴，是在呼唤情感！

3. 内　化

> **心理医生语录**
>
> 真正能持续给你温暖和安全的,并非这位现实中的"亲人、老师或朋友",而是一个让你温暖和安全的"子人格"。

伏丽西说:
"小小觉得身体很冷,她希望获得怎样的帮助呢?"
公主说:
"她想穿一件衣服,也许就不那么冷了。"
伏丽西说:
"这时,有人给小小拿了一件衣服,小小穿上后就不冷了,拿衣服的这个人是谁?"
伏丽西引导公主继续搅动潜意识。
"嗯,是一个比小小大点的女孩,这个女孩帮小小穿上了衣服。她很温柔,很细心,咦!她长得很像阿芙琳,阿芙琳怎么出现在这里。的的确确是阿芙琳,她帮小小穿上了衣服。"

显然,在公主的生活中,她已经把阿芙琳定义为:她不仅是我的好朋友,还是我的帮助者、我的保护者。这是我们在生活中无时无刻不在发生的事情:你很信任一个人,这人可能是你的"亲人、老师或朋友",你就相信,自己在遇到困难时,他一定会站出来帮助你、保护你。可能你们相隔千里,他不在你身边,很长时间没有联络,但是,你一想到他,就感觉温暖而安全。

其实,真正能持续给你温暖和安全的,并非这位现实中的

"亲人、老师或朋友"，而是一个让你温暖和安全的"子人格"。这种现象，心理学称之为"内化"——现实中，你信任某人，他的形象就在你心里扎根，活在了你心里，成为一个能帮助你、保护你的子人格。内化因人而异，在有的人心中，这个能帮助他、保护他的子人格是父母；在有的人心中，是某位师长、某位优秀的榜样、某位值得仰慕的名人……

所以，在公主潜意识里出现的阿芙琳，并非现实中的阿芙琳，而是一个将阿芙琳形象内化的子人格，是公主的另一个子人格。

当然，如果你在早年受过伤害和欺辱，也会将那个伤害欺辱你的人内化成一个"阴险、可怕、暴力"的子人格。

人性，是天使和魔鬼诸多侧面的复杂集合体。

4. 女妖惊现身

> **心理医生语录**
> 一旦潜意识的情绪需要被满足，人就会自动进入更深层的内在探索。

公主继续停留在想象状态。

小小一穿上衣服，男人、海滩、阿芙琳就消失了，她发现自己站在一个小房间里，房间很黑，一群黑压压的影子正在向她靠近。

一旦潜意识的情绪需要被满足，人就会自动进入更深层的内在探索，此刻，公主下到了潜意识的深层——遗忘记忆的追溯。

小小站在房间角落，她咬紧牙关，把身体使劲往墙角挤，似乎在躲避什么。一个尖厉的女声从空中传来,像一把正在切割玻璃的金刚钻,"滋滋滋",生生把一块不透光的黑色玻璃切割出几条横七竖八的裂纹。

"小小,你真丢你们星族人的脸,这样吧!明天,星星幼儿园的舞蹈演出你就别参加了,省得你老拖集体后腿!"

小小的睫毛上挂着泪珠,怕被人看出她哭了,她用力眨巴眨巴眼睛,把泪挤回眼眶。这时的小小,约莫四岁,身处这陌生的地方,她一头雾水,不知道发生了什么。

伏丽西引导公主进入深层催眠状态,这样,她就能回忆起更多在小小(幼年的公主)身上发生的事情。

一帧帧,如电影画面般的场景在公主眼前跳跃,闪现一下,又消失在如黑夜一般的幕布里。

这时,公主说:

"我感觉我变回了小小,我就是小小。我身体很笨,动作不协调,我学什么都很慢,那些举胳膊、抬手、下腰的动作,其他孩子都能轻而易举地做到,我就是做不到⋯⋯旁边有几个小女孩在嘲笑我,指指点点,说我的裙子穿得太紧了,说我长了一个如笨鹅一样的大屁股,裙子快绷开了。我窘极了。我真的很笨,我就是做不出那些动作。这时,一条黑影子向我压过来,就是刚才说话的女人,好像是舞蹈老师。她一把扯下我裙子背后的拉链,恶狠狠地吼:'你再拖大家后腿,就扒光你的裙子!'四周一阵哄笑,我的裙子掉下来,赤身裸体地站着,我动也不敢动,哭也不敢哭。这时,舞蹈老师抓住我的胳膊把我扔向了墙角。"

公主断断续续地讲完整个过程,她几度哽咽,又几度忍住泣声,讲述时,她的身体像一件在寒风里晾晒的单衣,无依无靠,在风中颤抖。

她接着说:

149

"我看清舞蹈老师的长相了,她是莫兹,是女妖,她是莫兹女妖!"

看到这一幕,公主像做了一个噩梦,她拼命摇头,喉咙里挤出"呼噜呼噜"声,猛地睁开眼,一骨碌弹起来。这时,她一脸的震撼与不可置信,似乎刚从另一个时空穿越回来。

一旦通过催眠的方式搅动潜意识地幔,每位来访者都会经历在时光隧道里来回穿梭的奇异感。

5. 遗 忘

心理医生语录

意识里遗忘的事情,潜意识里都记得。只是,潜意识可能会用一些象征、变形或夸大的方法来记录我们遗忘的一些事。

伏丽西走上前,在公主身旁俯下身来,轻抚她的肩膀:

"亲爱的公主,你很安全,你已经成功回来了,放心,一切都很好。"

公主感觉一切还好,只是很纳闷。记忆中,自己第一次邂逅莫兹女妖的时间应该是湖泊中学的毕业游,潜意识为何会告诉她这样一则可怕的消息:莫兹女妖在她四岁时就已经出现,欺辱她,伤害她,搅扰她的生活,用一种几乎能摧毁所有孩子自尊的方式去羞辱、训斥、贬损她,让她成为整个舞蹈班的笑料。

她把这个疑问抛给伏丽西,伏丽西犹豫了半晌,还是理性地说出:

"我没记错的话,你曾经说过,在你们的世界,你会称一切你讨厌的人为莫兹女妖,你会称一切伤害过你的人为莫兹女妖。你的意识层面的故事是,在湖泊中学的毕业游莫兹女妖初现身,你一度有过轻生念头。上了红城堡学院后,你以为你已经摆脱了她,结果,红城堡学院的毕业游,莫兹女妖再次现身,又一次伤害了你,你产生了更强烈的轻生念头。但是,你遗忘了一件重要的事情,这件事被压抑到你的潜意识里,在你生命的早年,莫兹女妖就已经出现并且伤害了你。"

公主不解地问:

"我为什么会遗忘呢,如果这件事如此重要的话?"

伏丽西说:

"用'火山理论'来看,处于火山洞口的是意识层,它的空间有限,如果什么事情都记得,火山口早就爆满堵塞了,其后果是,潜意识的地幔没办法正常释放热能,整座火山都会功能失调——一个人如果记得在他身上发生的所有事情,就会变成一座堵塞且功能失调的火山,整个人都会精神崩溃。所以,人的记忆天生具有选择性功能,选择性地记住一些事情,而把某些事情遗忘。通常,我们会选择性地记住那些令我们开心的事,而遗忘那些痛苦的经历,这是为了保护我们,让我们正常生活。遗忘久了,我们以为那些痛苦的事情没发生,但是,它们只是被压抑在我们的潜意识地幔里,仍会时不时跳出来影响我们。"

公主对记忆的这种"遗忘"和"压抑"机制非常好奇,要求伏丽西多讲一点,伏丽西就举了一些心理学书籍上记载的案例。例如,一些经历重大创伤事件的儿童,比如惨烈车祸、目睹亲人被杀、被强暴等,在面对警察询问时,会记不起曾发生了什么,他们的大脑功能完全正常,仅仅对创伤片段"失忆",这就是记忆在通过"遗忘"来保护我们。但是,他们会经常做噩梦,会发现自己特别害怕去某个地方,害怕见穿某种服饰的人,害怕听某种声音……因为这些记忆并没有彻底消除,而是被压抑在潜意识地幔里,会通过这些特殊的方式来影响我们的意识层,影响我们的信念和情绪。

公主认真地听,在心理咨询期间去讲理论并不是伏丽西一贯的咨询风格,但是,恪守咨询原则的伏丽西,也抵挡不住公主强烈的求知欲。

听完伏丽西的阐释,公主说:

"我可以这样理解吗?意识里遗忘的事情,潜意识里都记得。只是,潜意识可能会用一些象征、变形或夸大的方法来记录我们遗忘的一些事。所以,伏丽西医生,你的意思是,我记得的这件事是否完全属实并不重要,重要的是,我在这个事件里所体验到的情绪,以及这件事情对我的信念、自我概念和人格的影响,对我日后人际交往的影响。"

此时,她们的关系更像是老师和学生,老师一边敲黑板一边循循善诱,学生在下面认真听讲。学生的表现让老师甚是满意,伏丽西问:

"那对你有什么影响呢?理性的探索和分析固然有用,但是,落实到对你个人的影响,还需要我们一起来探讨。记住,接下来,你要动用直觉,自由联想,自由探索。"

伏丽西没说出口的是,出现在公主内心的莫兹女妖,那个貌似可恶的舞蹈老师,实则已内化成公主的一个子人格。也就是说,早年的羞辱事件内化出一个叫"莫兹女妖"的子人格,成为公主主人格的一部分,时时刻刻蹲伏在她心里。

但此时公主的领悟力还远远到不了这里时,看破不说破,便是咨询中好的节奏。

6. 回到黑屋

> **心理医生语录**
>
> 在心理咨询过程中，移情和反移情会不断交替出现。

"到底对我有什么影响？"

公主回答不上来。

道理上，她懂得这件事的前因后果，情绪上，她不太愿意再回到这段记忆，再去体会一遍小小的情绪。她宁愿彻底"遗忘"，把这段记忆重新埋进潜意识地幔，扔进茫茫的潜意识大海。

公主说：

"我们可以去谈谈别的事情吗？这件事我弄清楚道理就行了，我想再谈谈……"

这就是在心理咨询里谈及过多理论给来访者过多解释的后果，伏丽西叹了口气，她犯了一个不得不犯的错误。

她发现，在公主瞪着泪光盈盈的大眼睛看向她时，满眼写着求知和无助，伏丽西顿时出现反移情——她想做公主的好老师、好妈妈，想保护她，不让她去经历更多的痛苦——所以，她在展开理论解释的时候，对是否要求公主进一步直面痛苦，也犹豫不决。

伏丽西深知，在心理咨询过程中，移情和反移情会不断交替出现，蓝精灵小妹、松鼠小弟常常将伏丽西移情为自己理想的好妈妈和好老师，骡子伯伯则时而把伏丽西移情为自己那位早逝的大姐。心理学书籍里，通常把来访者对咨询师产生的强烈情感称之为"移情",这种情感是来访者将自己过去对生活中某些重要人物的情感投射到咨询师身上,以前渴望某个重要人物的支持、接纳、鼓励和爱,现在渴望咨询师的支持、接纳、鼓励和爱,有时候,还会错把咨询师和某个重要人物混淆在一起。当咨询师接受并认同了来访者的投射后,就会不自觉地认同来访者的移情对象,产生投射性认同,不自觉地扮演起来访者的好妈妈、好老师、好姐姐,随之,对来访者也产生强烈的情感,想保护他,害怕他受伤,渴望照顾他。这种情况,心理学书籍称之为"反移情"。个别时候,咨询师若不加小心,也会把对过往生活中某些重要人物的情感投射给来访者,进而产生更强烈的反移情,这种反移情会大大阻碍心理咨询的顺利进行。

伏丽西停了半晌,把内心的念头翻来覆去搅和一通,像在大麻袋里找芝麻一样,翻个底朝天不说,又拎起来抖来抖去,里外掏个遍。她明白问题出在哪里了,迅速将自己拉回现场。

她需要狠下心来,让公主回到那个可怕的黑屋子,重新体验一遍小小所经历的事情,重新触及她那可怕的子人格——"莫兹女妖"。

逃避痛苦是人的本能,却是自我成长的障碍。

7. 愤 怒

心理医生语录

心理咨询,永远只能是心理咨询师配合来访者的节奏,所有"未被允许的表达"都有来访者潜意识的理由,也只有来访者最能知晓怎样的咨询进度最适合自己。

伏丽西发出指令，她坚持让公主去体会小小的身体和内心的感觉。公主一开始有些抗拒，因为，当她重回黑屋子，那种熟悉的痛苦和悲伤又来了。

很快，公主用手捂住眼睛，脑袋耷拉在胸前，一副垂头丧气的样子，身体在草甸椅上蜷成一团。大概，她内心的小小，此刻的身体姿势也是这样吧。

公主说：

"我不想再进入那个场景，那种紧张、羞耻，那种看自己不配活在世界上的感觉又来了，我不忍心再看小小，她太可怜了！"

说着说着，公主的肩膀开始耸动，几片黑色的羽毛抖落下来，一小团如黑毛絮般的东西从她后背掉落，露出一块人体皮肤。

见此场景，伏丽西并未心软，她不能再给公主留余地。某种重要的情绪一旦出现，便是咨询中的关键信号，能否抓住这些关键信号，关系着整个心理咨询的探索方向与疗效。

"公主，那并不是小小的错，那不是小小的错！"

公主摇头啜泣着：

"不，是小小的错，是她的错，她太笨了，她太丑了，她又肥，她拖整个集体的后腿。虽然她很可怜，但真的是她的错！"

公主又陷入那折磨她多年的自挫式信念的漩涡。

"这并不是小小的错，你跟着我重复这句话。"

重复了几遍，公主的情绪平息了一点，接着，她问：

"如果不是小小的错，那是谁的错呢？"

"阿芙琳要是在旁边目睹了莫兹女妖羞辱小小的整个过程，她会认为是谁的错呢？"伏丽西问道。

在来访者的领悟力不够时，启动他积极的子人格，去和他消极阴暗的子人格对话，定会让内在探索出现曙光。

"如果是阿芙琳,她会认为都是莫兹女妖的错,小小的身体确实不灵活,这也许是天生的。很多人都有这样一种偏见,认为我们星族人事事比地球人强。但是,就舞蹈这件事,星族人的身体比地球人笨多了。况且,如果莫兹女妖觉得小小跟不上节奏,她可以更耐心地教导小小。其实小小很努力,每次练舞回去,她都会对着镜子反反复复练习,只是,这次事件发生后,她再也不跳舞了。无论如何,莫兹女妖也不能这样当众羞辱小小,还扒光她的衣服,对一个小女孩来说,简直是惨无人道。她可以建议小小去上别的特长班啊,比如,小小喜欢画画,喜欢那些安安静静一个人做的活动……"

公主说话的口吻越来越像阿芙琳,理性、克制,逻辑严密又不失情感,她的语速越来越快,音量越来越大,说到"惨无人道"四个字时,她刻意将音调提高了八度,做出一副咬牙切齿的样子,简直是正义感爆棚的阿芙琳附体。

伏丽西舒了口气,满意地笑笑,问:

"如果你是阿芙琳,在说这些话时,你会有怎样的情绪?"

"愤怒,非常愤怒!"

公主不假思索地回答。

"愤怒的感觉在你身体的哪个位置?"

伏丽西继续让公主感受自己的身体和情绪。

"在我的胸口,像一团火,一团正在燃烧的火!黑色的火焰,正在熊熊燃烧!"

公主怒吼道。

她用咆哮和怒吼的方式,吼出这句话,说到"火"字,她几乎用尽了洪荒之力!

这句话,像是一团在公主身体里积攒多年的烈火岩浆,地核热能集聚,搅动地幔,岩浆汹涌而上,山崩地裂,烈火岩浆从公主的身体里喷发出来。

伏丽西没有给公主停下来喘息的时间,她穷追不舍:

"如果这团火会说话,它会说什么?"

"它会对着莫兹女妖那张扭曲的脸说,你不配做老师!你没有资格伤害小小!你真坏!你难道不知道吗?你那些恶毒的话就是一把匕首,一辈子都扎在小小心里!你滚出去,滚出小小的世界,滚!"

公主吼道。

公主在成长之路上迈出了一大步,她不再压抑愤怒之火,不再试图扑灭它,而是允许愤怒之火燃烧,允许自己表达愤怒。

说出这些话后,公主长长舒了一口气,终于表达了。但是,刚说完她便下意识地掩住嘴,似乎这些充斥着道德审问的字眼不该从自己嘴里说出。

伏丽西看出,公主此时有点犹豫不决,犹豫是该继续表达愤怒,还是将那些骂人的坏话收回,她又在对自己的愤怒感到自责和内疚。

进三步,退一步,是心理咨询常有的节奏。

此刻,公主脸部肌肉微微颤抖,像风中瑟瑟发抖的火苗。

伏丽西问:

"当你说出这些话,那团火还在吗?"

表达之后,公主内在的愤怒之火消失了,火燃烧过的地方,残余了一些灰烬、一些坚硬的石头。这些石头堵在她的胸口,那种抑郁时胸口发闷、沉重、堵得慌的感觉又来了。

这次,她第一次清晰地觉察到石头与抑郁的关联。那些石头,是她长期被压抑的情绪,以愤怒为主,还有孤独、悲伤、自责、压力感等。

公主刚让愤怒之火烧了一小会儿,又以一种习以为常的惯性，启动了她的压抑机制。

压抑愤怒之火，一定会导致抑郁情绪。

抑郁，从某种程度上说，就是僵死的愤怒。那些灰烬和石头都象征着未被允许、未被表达的愤怒。一部分愤怒被允许宣泄与释放，一部分不被允许，并非公主有意为之。

火山爆发时，那些从意识火山口爆发出的岩浆，是被允许的愤怒；那些没来得及爆发的岩浆，眼下还是灰烬和石头，是未被允许的愤怒，此时依然深埋在潜意识的地幔里。只有继续集聚地热，只有热能足够多时，它们才会爆发。

伏丽西要做的，就是继续搅动公主的潜意识。有觉知地领悟并宣泄愤怒情绪，是理解人际关系真相的必经之路。

站在咨询师的角度，伏丽西很想让公主在今天把她内心的愤怒全部宣泄出来。但很显然，今天做不到。

今天的愤怒宣泄，已经把公主的精力耗竭光了，她使出了洪荒之力。

此刻，公主把脑袋歪在草甸椅上，身体瘫成一张皮毯。

心理咨询，永远只能是心理咨询师配合来访者的节奏，所有"未被允许的表达"都有来访者潜意识的理由，也只有来访者最知晓怎样的咨询进度最适合自己。

8. 恶 魔

心理医生语录

那些深不可测的地方，如大海、地幔都是人深层潜意识的象征。

伏丽西准备让公主休息一会儿便结束今天的咨询，公主开口说话了：

"这些石头压得我很不舒服，我想把石头清理掉。正在这样想的时候，一个白色的小精灵在我心里出现了，她挥动着翅膀，手持一把小铲子，正在清理小石头。虽然她很小，但身体却很有力量，她捧起一大堆小石头，把它们扔进了大海，那是一片深蓝色的大海。"

原来，公主只是在闭眼小憩，她并没有停止内在探索，并且，一个新的子人格——白色小精灵诞生了。那些深不可测的地方，如大海、地幔都是人深层潜意识的象征。把"石头扔进大海"象征着公主想把那些未被允许的愤怒压抑和隔离到更深的潜意识领域，这个领域，已接近人的集体潜意识层，即"火山理论"中的地核。

内在探索之旅如入幽冥之地，让人恐惧、好奇，又想一探究竟，公主的积极性被激发出来，她不想就此打住。

伏丽西对公主的积极主动略感吃惊，她身体前倾，振作精神。此时，伏丽西的身体有些疲惫，马拉松式的心理咨询，是在考验来访者和咨询师双方的心力和体力。

这时，公主继续说：

"只是，好奇怪！小石头被清理干净后，又出现一块巨大的石头，有秋天的草垛那么大。小精灵搬不动，就唤来她的同伴，一大群小精灵，她们一起搬运大石头。好不容易才合力把大石头扔进大海。只是，怪事又出现了，大石头一沉下去，海面就出现了一大堆恶心的垃圾，白花花，黑乎乎，绿油油，在海面漂浮着，好恶心呀。"

说到这里，公主用手卡住喉咙，似乎那恶心之物如鲠在喉，恶心之感翻涌在胸。

伏丽西立刻领悟到公主这番想象所传达的深层含义：压抑愤怒，就会自感肮脏；压抑愤怒，就会产生让人无地自容的羞耻。这些情绪正在被一块大石头搅动。

看破不说破，伏丽西在等待，她屏住呼吸，像蹲守的猎人等候猎物。

"啊！海底有只恶魔，吃人的恶魔！"

此时，公主奋力伸出双臂，那从两个翅膀间长出的手臂变得更粗更长，她像一个溺水之人呼喊着救命，然后，睁开眼睛。她看到一个被压抑在海底的子人格，一个不被允许和不被表达的子人格——"恶魔"。

公主眼里尽是恐惧，失去了刚进诊所的神采，她惊恐地晃动脑袋，扑打翅膀，全身羽毛都竖了起来，身体像一只在巨浪里翻滚的独木舟，随时会被情绪的巨浪吞没。

人所有的恐惧，都源自对自己内心深处的"恶魔"的恐惧。"恶魔"，代表着死亡、暴力、血腥、仇恨与杀戮。它的出现，标志着公主的内在探索已抵达集体潜意识，进入火山下的地核。

这一探索过程，无比艰辛和痛苦。

伏丽西连忙上前，伸出手臂抱住公主剧烈颤动的双肩，问：

"是怎样的恶魔，你以前见过它吗？"

公主闭上眼睛号啕大哭，说：

"我害怕，我好害怕，我没有看清，我不敢看！但我知道，是世界上最可怕的恶魔！"

她的嘴唇一张一合，有气无力，像一条被巨浪冲上岸的将死之鱼。许久，她缓缓睁开眼，见伏丽西正定睛看自己，公主张开她巨大的双翅，抱住伏丽西，眼泪止不住地流，像个受尽了委屈的孩子。公主说：

"伏丽西医生，我害怕，我好害怕，我想趴在你怀里哭一会儿!"

伏丽西轻轻拍打公主的后背,像母亲在哄婴儿。这时,伏丽西眼里也噙满泪水,她不愿意让公主看到,赶紧用手背擦拭了几下。

一切尽在无言中。伏丽西在与公主的深深共情里读到了言语不能表达的一切。

"倏"的一声,伏丽西眼前似乎闪过一个小女孩,穿件粉色小裙,头戴粉色的蝴蝶结,像是海滩边的小小,又像幼年的自己,正一个人孤零零地跑向大海,形单影只。她娇小的身影在风中显得异常单薄,像是一道西风的剪影。

这次咨询,就这样以看似潦草的方式结束了,没有总结,没有反馈,没有作业。

当考拉小姐把疲惫的公主扶出心斋,扶到客厅的树桩坐凳上时,她惊呼一声,公主脖子上的黑羽毛已脱落殆尽,露出细长秀美的脖颈,先前的怪鸟变成了一个半人半鸟的怪物。

来访者在心理咨询中被自己的想象吓得情绪崩溃,绝不少见。魔法森林里,伏丽西也有几例因情绪崩溃而被迫中止咨询的来访者。这种情况一旦出现,一定是咨询的关键突破口,是来访者成长的契机,同时,又是一次对咨询师和来访者的双重考验。

此刻,伏丽西独自一人呆坐在心斋里,她翻看银杏叶本子,想记录点什么,又不知从何处下笔。她用力捶打了一下脑袋,烦躁地闭上眼睛。公主的情绪状态会回退吗?她还会信任伏丽西吗?伏丽西和公主能否联手打败"恶魔"呢?

一切都是未知。

伏丽西觉得胸口隐隐作痛,她在努力和"恶魔"共情,却只感到一阵被闷棍击打的疼痛:心的某处,表面完好,里面却中了无解的毒;心,藏起经年累月的伤,还故作坚强。

161

许久,日头落了下去,阿芙琳和灰兔夫人来接公主回家,一阵响动后,诊所里便没了声息。

黑夜的影子爬上藤萝门,爬上蚕丝窗,伏丽西仍坐在窗前,闭目凝神,她也沉入了那潜意识的海洋……

魔法心理小课堂

1. 内化

内化,是指把自己从外界新学到的思想、观点、信念、态度和自己原有的思想、观点、信念和态度结合在一起,构成一个统一的态度体系。这种态度是持久的,并且成为自己人格的一部分。

2. 移情

心理学把来访者对咨询师产生的强烈情感称之为移情。这种情感是来访者将自己过去对生活中某些重要人物的情感投射到咨询师身上的。例如,以前渴望某个重要人物的支持、接纳、鼓励和爱,现在渴望咨询师的支持、接纳、鼓励和爱,有时候,还会错把咨询师和某个重要人物混淆在一起。

3. 投射性认同

心理学将诱导他人以一种限定的方式来做出反应的行为模式称之为投射性认同,源于一个人早年的内部关系模式(比如,孩子与家长、兄弟、师长的关系),并将之置于现实的人际关系的领域中。

4. 反移情

心理学将咨询师对来访者产生的强烈情感称之为反移情。反移情包括咨询师对来访者移情的认同和反应,咨询师将指向其过去的某一重要人物的情感、行为指向来访者。

第十一章
魔　法

> 伏丽西眼前闪过一张张破碎的照片,她胸口一阵绞痛,肚子里翻江倒海,一股巨大的情绪如火山爆发后的岩浆,"轰隆隆",铺天盖地,朝她压来。

算至今日,最后一场暴风雪已过去整整十天。

这天清晨,天还没大亮,几个趁大人熟睡便偷跑出来的孩子,手拉手跑到大河边,他们要进行一场比赛,看谁最先跑到河对岸。正待他们猫腰,准备喊"一二三"时,一只白乌鸦从天而降,叼走了一个孩子的帽子。被叼走帽子的孩子吓得哇哇大哭,其他孩子纷纷捡起小石子击打白乌鸦。这时,白乌鸦开口说话了,声音沙哑低沉:

"孩子们,快回去,冰雪要化了,现在,冰面薄得很,河中央裂出一条大冰缝,太危险了!你们赶紧回去!把这个消息告诉大人们!"

"冰雪要化了！"孩子们齐声大喊，边跑边叫，清脆的声音响彻魔法森林上空。整个上午，空心树的枝叶被震得乱颤，空心树主人的耳膜被震得嗡嗡直响！

1. 变 身

心理医生语录

对于心理咨询师来说，无论来访者变成什么样，都要尊重和接纳他！

从心理诊所回来后，公主接连几天都一言不发，躲在空心树里不肯出来，直到听到这一声声"冰雪要化了"，她才睁开迷蒙的双眼，从树洞探出半个脑袋。

那天，阿芙琳和灰兔夫人来诊所接公主，一见面，两人就被公主半人半鸟的模样吓了一跳。见公主对自身这些奇异变化浑然不知，两人又支支吾吾，不敢明说。

一路上，公主垂头丧气，步履沉重，似有满腹心事，她喘着粗气，每喘一口气，几十片黑色羽毛便如天女散花般纷纷掉落。

风越刮越大，公主的羽毛被吹得七零八落，她好似站在一个望不见出口的隧道口，风直端端地对着她狠命吹着，她只觉脚底不稳，像站在秋千板上一样。一个趔趄，她本能地张开双翅，"扑"的一声，逆风起飞。一阵疾风刮过，她的黑羽毛从身上尽数脱落，被席卷至半空，黑压压的，像一朵乌云遮蔽了半个日头，又在空中被风吹成各种形状，像浓稠的迷雾，像黑黑的渔网，像张牙舞爪的小妖……

看到这幅场景，阿芙琳和灰兔夫人吓坏了，以为遇见了妖魔鬼怪，拔腿便跑，只剩公主晕倒在风中。

不知过了多久，公主徐徐醒来，见自己好好地躺在空心树里，刚才发生的一切，就像一场梦。这时，孩子们大叫着"冰雪要化了"，公主便从被窝里钻出来，手攀树干向外张望。

一只白乌鸦从树梢飞过，"呱呱呱"，是呈报祥瑞的信使？是散布谣言的恶仆？枯干的树枝生发出几片嫩芽。几丛被白雪覆盖多日的灌木，此刻由绿白变成深绿，在阳光下舒展腰肢，把它们的勃勃生机铺撒到地面斑驳的影子里。

公主走出空心树，她想找到这两位不知所踪的好友，环顾左右，只见雪地上有一连串小脚印，通往森林深处。公主踏上雪地，沿着脚印往前走。

这趟旅程，终点在哪里，公主不得而知，她也不太想知道。积雪松松软软，踩上去，像一层薄薄的河沙。阳光洒在身上，像从冰窟窿里往冰河的心脏注入了几道暖流。冰与暖的感觉在公主身上激荡，走了几步，她忽觉步履轻盈，神清气爽。猛一抬头，便瞧见了伏丽西心理诊所的招牌，她站在诊所门口，拉响了藤萝门铃。

开门的是考拉小姐，身后站着阿芙琳和灰兔夫人。考拉小姐眼瞅着公主焕然一新的容貌，连忙捂住嘴巴。

就在刚才，阿芙琳和灰兔夫人还在向伏丽西报告这一特大新闻：公主已经从"鸟"变成了"人"！

这一巨变，并非一夜之间，而是逐步发生的。自上次心理咨询结束后，公主身上的黑羽毛就悉数脱落，变成了一个赤身裸体的小女孩。

对这一怪现象，伏丽西也无从解释。在咨询中，她屡屡见证公主的变身，由鸟一步步变成人，只是，这一切是如何发生的呢？在魔法森林里，只有遭遇魔法才会出现变身的怪现象，心理咨询为何会让公主的身体发生巨变？虽然伏丽西无法理解这一奇异的现象，但她必须恪守职业道德，对于心理咨询师来说，无论来访者变成什么样，都要尊重和接纳他！

考拉小姐将公主请进心理诊所。此刻，公主身上裹了几片粗大的棕榈叶，身形像个十岁的女孩，一头乌黑的头发齐刷刷披到脑后。她身材适中，皮肤白皙，脖子细长，圆嘟嘟的脸上长了几粒可爱的雀斑，眼眸黝黑深邃，睫毛浓密，翘翘的小嘴似在跟谁赌气。公主疑惑不解地打量三人惊讶的眼光，纳闷地问道：发生了什么？阿芙琳和灰兔夫人怎么在这里？为什么用这么奇怪的眼神看我？

伏丽西从心斋走出来，和以往一样，亲切问候公主，做出一个"请"的手势。见伏丽西眼神里并未流露出异样，公主悬着的小心脏才稳稳落下，跟着伏丽西进入心斋。

"真是魔法森林里从未有过的稀奇事！"

考拉小姐这才发出惊叹。

不出几天，这则奇闻一定会在魔法森林里不胫而走。

2. 怪　梦

> **心理医生语录**
>
> 能让来访者最终受益的，并非理论和技术，而是心理咨询师本人对来访者的理解和接纳。

坐进草甸椅，轻轻回弹几下，公主喜欢这松软惬意的感觉。她环顾四周，像从未来过这里。

伏丽西坐在对面的檀木椅里，笑眯眯地看着公主，她在等公主开口。

阳光穿过稀疏的蚕丝窗帘,映红了公主的脸颊。她抚摸被阳光温热的脸,深深吸了口气,抬起手臂,像鸟儿用嘴梳理发羽一般,将乌黑的长发别在耳背,说:

"这几天,我做了一个怪梦。"

伏丽西专注地听着,公主眨眨大眼睛,轻轻咳了一声,继续说:

"我梦见一只又大又丑的怪鸟,全身漆黑,在森林里飞来飞去,似乎在找出路,却又永远找不到,它绝望地用头撞树,又用嘴啄自己的羽毛,发出凄惨的叫声。为什么我会做这样的梦?"

"嗯,我听着呢。"

伏丽西嘴上回应,心里却犯嘀咕,这个梦她也做过,就在第一次见到公主的头天晚上,怎么公主也做这个梦?怪哉怪哉,听公主说话的语气,她对自己变身的经过一无所知,似乎在她的印象中,她从来没当过怪鸟,一直都是这个小女孩的模样。

需要让她了解事实真相吗?伏丽西迟疑着是否要第一时间揭露真相。揭露真相前,她需要再次确认,公主是否真的不知道她的变身。伏丽西问:

"公主,此时此刻,你在哪里?"

"在心理诊所呀!"

"你从哪里来?"

"从空心树来,伏丽西医生,你的问题好奇怪!"

"外面两位客人你认识吗?"

"当然认识,是我的好朋友,阿芙琳和灰兔夫人呀!"

"你今天为什么要过来呢?"

"我遭遇了抑郁情绪,我希望过上更好的生活,改变我自己。上次心理咨询,你特意强调,我不能给自己贴一个抑郁症病人的标签，我只是一个遭遇了抑郁情绪的人。"

"嗯！那你今天的身体感觉怎样？"

"身体感觉嘛，今天身体确实感觉轻了不少。咦，伏丽西医生，你今天和往常很不一样。发生了什么？我有什么不对劲的地方吗？"

伏丽西连忙摇头，心里掠过一丝慌乱，难道，公主对自己曾是怪鸟一事真的毫无察觉？难道，公主对自己遭遇魔法一事也毫无察觉，对魔法解除一事也毫不知情。

伏丽西眼前闪过一张张破碎的照片，她胸口一阵绞痛，肚子里翻江倒海，一股巨大的情绪如火山爆发后的岩浆，"轰隆隆"，铺天盖地，朝她压来。

在这种极端慌乱的心境下不适合做咨询，伏丽西定定神，决定说出内心的感觉，她说：

"公主，我之所以问你这些问题，是因为我见到一些不可思议的怪事，此时，我身体不太舒服，但是，我不知道该如何表达，请让我先休息一会儿。"

伏丽西站起来，她必须将心理咨询中断一会儿，调整好情绪再和公主一起展开咨询工作。

考拉小姐敲敲门，请公主暂时回避。临出门，公主不解地回望伏丽西，眼里飞出一个个问号。

心理咨询中，能让来访者最终受益的，并非理论和技术，而是心理咨询师本人对来访者的理解和接纳。如果心理咨询师受困于自身情绪，这团情绪一定会像森林迷雾般挡住前方的路，影响咨询师对来访者的分析、理解与接纳，与其硬着头皮闯入这团遮天蔽日的迷雾而不知身在何处，不如在原地小憩一会儿。伏丽西决定，与其强忍情绪勉强继续，不如暂时中断，调整好情绪后，再来帮助公主。

3. 躲在暗处的孩子

> **心理医生语录**
>
> 一旦对拥抱产生依赖，下一次父母的不告而别注定会带给她更深的恐惧与悲伤。

心斋里，伏丽西盘腿而坐，双眼微闭。清晨的鸟鸣吵得她心烦意乱，她屏住呼吸，又长长地呼气，停留在这种心烦意乱的感觉里。

咨询师和来访者，任何一方在心理咨询中迸发出的强烈的情绪，都对咨询有着意味深长的影响。尤其作为咨询师，若被来访者触发了强烈情绪，有可能是反移情，也有可能是咨询师旧有的伤疤被揭开。此时，正是咨询师认识和理解自己的绝好时机。一位咨询师，越能理解和接纳自己，就越能理解和接纳来访者。

"我到底是怎么了？"

伏丽西自问。

她发现，越是执着于回答这个问题，她烦乱的感觉越强烈。她像被浓烟笼罩，焦灼的滚滚浓烟，呛得她无法呼吸。

鲜花时钟滴答滴答地走动。

在存在主义哲学的咨询观里，心理咨询之旅，无所谓咨询师和来访者之差，有的只是同路人——两个有过相似境遇的人，在漫长的人生路上，相互搀扶，携手同行，共同寻求生命的意义。

"同路人"一词，给了伏丽西些许力量。过了许久，她平息下来，开始聆听自己内在的声音。

她感觉，脑子里像聚集了千万只蜜蜂，乱麻麻乌压压一片，嗡嗡作响，循着这个响声，她进入了一个奇异的世界。

伏丽西看到自己变成了一个小女孩，约莫三岁，正缩在墙角呜咽。这是一个白水泥砌成的房间，没有门，窗户上了锁，外面还有一圈阴森森的围栏。灰尘满地，古旧的家具歪歪斜斜地散落在屋子的各个角落。小女孩穿一身纯白的衣服，面目模糊，呜咽声从她身体里传来。

"爸爸！妈妈！你们在哪里？"

小女孩身体里迸出撕心裂肺的哭喊。

伏丽西的心被震疼了，背部像被人重重地捶打了几下，疼痛异常。她弓起背，把头埋进双臂。她那颗属于心理咨询师的自由灵魂，此刻，进入了一个小女孩的身体，被禁锢在此，灵魂不得飞翔，只得用整个身体去共情小女孩的悲伤、恐惧与孤独。

伏丽西感觉，自己的心被一片片撕碎，泪水奔涌而出，也带出了属于小女孩的记忆。

前一刻，小女孩还住在富丽堂皇的宫殿，下一刻，父母不告而别，把她一个人丢在这冰冷的房子里。宫殿的彩色墙体和装饰层层剥落、碎裂，瞬间变成一座白水泥砌成的暗室。

这样的事情屡屡发生。

每次父母的不告而别，都让她跌入一个"被抛弃"的情感漩涡，给她幼小的心灵留下抹不去的阴影。

她恐惧到极点，悲伤难以名状。黑乎乎的暗处，似乎藏了很多怪物。为了躲避怪物，她狠命地拍打墙壁、窗户，希望有人能飞檐走壁来救她……努力挣扎好一番，她终于放弃了，她缩在墙角呜咽，口里呼唤着爸爸妈妈，身体僵硬得如冬雪里的木桩子。

暗夜去了，天明了。天暗了，黑夜来了……

爸爸妈妈终于回来了，屋子里又恢复成了宫殿的模样。看着走近她的爸妈的身影，她只想躲。爸妈的面孔那么陌生，却拥有对她生杀予夺的大权，所以，他们可以随意抛弃她，随意把她锁在屋里，丝毫不在意她的恐惧与孤独。

"来，给爸妈抱一下！"

看着爸妈向自己伸出双臂，她"哇"的一声大哭起来，她也张开双臂，身体却朝墙角躲去。

此刻，她多么渴望父母的拥抱。

此刻，她又多么恐惧父母的拥抱。

因为，一旦对拥抱产生依赖，下一次父母的不告而别注定会带给她更深的恐惧与悲伤。

她扑倒在地，背弓起来，把头埋进双臂，她要保护自己，她不愿再和任何人亲近。

4. 躲进黑羽衣

> **心理医生语录**
>
> 她身体木僵，呆呆站在原地，闭上双眼，不动声色，不挣扎，不反抗，不哭，不闹，以为这样，就无人再注意她。

一转眼，小女孩长大了，上小学一年级，她仍然不和人亲近。一天，刚走进教室，一个满脸横肉的老师便冲过来，揪住她的耳朵把头往墙上撞，命令她头贴黑板，背弓起来，双手背在身后，屁股翘起来站着。

班上孩子爆出阵阵哄笑。她就像一只被五花大绑的小羊，咩咩地叫，又咩咩地求饶。旁边的屠夫正磨刀霍霍向小羊，嘴里一口一个"笨蛋"地嚷，下面的人也跟着叫：

"笨蛋，笨蛋，笨蛋！打笨蛋！"

这一刻，她头上的蝴蝶结断了，她心里某个地方的琴弦也断了，再也奏不响稚嫩的儿歌，奏不出清脆的童谣。

她的背更驼了，她总是穿一身黑黑的宽松大衣，将脖子缩进衣领，眼睛看向地面，似乎这样走路，就无人注意她。

"看！笨蛋！打！"

几个小男孩，如几条龇着尖牙的小兽吠叫着捏紧拳头朝她奔来。一个小男孩从地上抓起一把泥土，揪过她的衣领，把泥土塞进她的后颈窝。另一个小男孩捡起一个小石子扔向她，打中她的额角，血冒出来，从额角顺着脖颈往下流。

从此，小女孩的背更驼了，她穿的衣服更大，衣领竖得更高，遮住了半个头。她随时夹紧双臂，把双手插进衣兜，似乎这样走路，就无人注意她。

"哈哈，笨蛋，又丑又肥！"

几个女生双手叉腰，霸气地横在教室门口，龇牙咧嘴，还向她吐唾沫。小女孩吓得回退几步，教室里已空无一人，后面，便是高高的窗台。

"她妈是个乡下肥婆，她爸在外面搞破鞋，她也是个小破鞋！笨蛋，破鞋！"

女生一阵哄笑。其中一个女生从书包里抓起一瓶黑墨水，揭开瓶盖，把一瓶墨汁全泼洒到她头上。墨汁顺着她的头发滴落，流进她的眼里、嘴角，从衣领往下流，她浑身都被这黑黑的墨汁淋透了，像一只被大锅焖熟，又横尸餐盘的墨鱼，上桌前再给淋上一斗黑胡椒汁。

她身体木僵，呆在原地，闭上双眼，不动声色，不挣扎，不反抗，不哭，不闹，以为这样，就无人再注意她。

这时，飞来一记响亮的耳光，重重地扇在她的脸上，又一记,再一记……她紧抿双唇,不哭也不闹,不睁眼,不呼吸。她以为这样,别人就会饶过她。

"哈哈,笨蛋!破鞋!"

她的脸已经麻木,不疼,不烫,不痒,她就这样闭眼站着,突然,一只手捏住她的下巴,掰开她的嘴,一个声音大叫:

"张嘴,给你一颗糖!"

她的嘴被掰开——呸!一坨腥臭的黏稠物喷进她嘴里,直奔她的喉咙,堵住她的气管,堵得她窒息。

"笨蛋!吃我的痰,笨蛋,吃我的痰!哈哈!"

小女孩剧烈地咳起来,她想把那口浓痰咳出来,却怎么咳也咳不出来,她恶心,干呕,却怎么也呕不出来。

她就这样,像盘里的大虾,从头到脚淋着黑漆漆的墨汁,无力地跪在墙角,头顶住墙,一直咳,一直呕……突然,天空黑了,千千万万片黑色羽毛如黑雾,如渔网,如小妖,如飞沙走石,在空中狂舞,风驰电掣,朝她奔来,如针尖扎进她的身体。她惊恐地发现,自己手臂上开始长出黑色羽毛,先是一片、两片,然后是几十片、几百片。喉咙被痰卡住,叫不出声,她拼命撕扯羽毛,越撕扯,羽毛长得越快。

短短几分钟,千千万万片黑色羽毛稳稳地长在她身上,她变成了一只佝偻着身子的"怪鸟"。

之后的每一天,她都在羞耻中度过。同时,被羽毛包裹,又让她多了一丝安全,她感觉自己像是躲进了一件厚重的"黑羽衣"。

对,与其说她变成了一只"怪鸟",不如说她躲进了"怪鸟"的羽毛里。

5. 魔法解除

> **心理医生语录**
>
> 心理咨询的一项重要工作,便是让每一位来访者找回并接受他本来的样子。

最后这一幕,如一道闪电,劈开无声的暗夜。

伏丽西感觉自己被劈成两半,一半是小女孩,一半是伏丽西自己。她猛地睁开眼,泪水已湿透胸襟,她记不清刚才哭了多久,似乎进入小女孩的身体后,她就一直在流泪。

此刻,现实和想象编织成一条粗粗的麻绳,把伏丽西的脑袋缠了一圈又一圈,她分不清所经历的一切,到底是自己的想象,还是与公主的共情。

"啊!"

伏丽西惊呼,她突然明白了一切。

公主,一位误闯魔法森林的星族人,本来长得和森林里的精灵一模一样,精灵就是人类小女孩的模样,所以,公主本来的模样就是人类小女孩。

先前,她由女孩变成了怪鸟,确确实实是中了魔法。

这魔法,便是她内心的恐惧——她恐惧被抛弃,恐惧孤独,恐惧被欺负,恐惧被羞辱,恐惧内心那团能吞噬活人的怒火,恐惧内心那如临深渊的绝望,恐惧内心那如同被扒光衣服绑在广场示众的羞耻——于是,幻想中,她躲进一件厚重的"黑羽衣",躲进那重若千钧的"黑盔甲",躲进那与世界绝缘的"黑堡垒"。

但是，即便藏进这密不透风的黑，她仍躲不掉内心的煎熬。

相由心生！

她越恐惧，内心对"黑羽衣"的幻想就越逼真，越觉得自己真穿了一件"黑羽衣"，她牢牢抓住每一个能让她藏匿的黑夜，抓住每一片能给她庇护的黑羽。在误闯魔法森林的那一天，恐惧，如一团盘亘在她体内丑陋的墨鱼，伸出邪恶的触脚，启动了魔法开关！

魔法在整座森林生效！其法则是，你越恐惧，在众人面前，你就会呈现出你最恐惧的样子！

而那个披着怪鸟外壳、被黑羽衣包裹得严严实实的样子，正是公主最恐惧的样子。众人看她，就是一只黑漆漆的怪鸟。可怜的公主，成了皇帝的新衣里的皇帝。与之不同的是，她看自己是一个丑而笨的人类女孩，别人看她，却是一只黑漆漆的怪鸟。

此后，她不再是月亮公主了，她给自己起了一个名字——"公主怨"。

恐惧魔法的解除，自公主踏进心理诊所的那一刻，便开始了倒计时。接受心理咨询的这段时日，公主努力让自己信任伏丽西的每句话，信任伏丽西的每项指导、每项作业，她专注于在每个恐惧的暗夜迈开一小步，一步一步靠近光。她完成了从"公主怨鸟"到"公主"的蜕变。她一直在与自己的恐惧较量。

当她下定决心，要用此生光阴与恐惧来一场持久战时，她不再需要那件黑羽衣了。她意识到，恐惧不仅扭曲了她对自己的认知，也迫使他人用扭曲变形的眼光去看她。那一刻，魔法便解除了。她变回了她本来的模样。

心理咨询的一项重要工作，便是让每一位来访者找回并接受他本来的样子。

清风徐来，跳动的光晕像无数只扇动着亮晶晶翅膀的小昆虫，正在伏丽西脖颈处扇着酥麻的暖风，一点点吹散她胸口的悲郁。伏丽西只觉眼前一亮，像从幻梦中醒来，从地毯上跳起来，奔出心斋。

魔法心理小课堂

存在主义哲学

存在主义是当代西方哲学主要流派之一。存在主义是一个很广泛的哲学流派，核心观点是以人为中心、尊重人的个性和自由，认为人是在无意义的宇宙中生活，人的存在本身也没有意义，但人可以在原有存在的基础上自我塑造、自我成就，活得精彩，从而拥有意义。存在－人本心理治疗，则是在存在主义哲学观的影响下产生的一个心理治疗流派。

第十二章
缘 起

> 此时，伏丽西有些恍惚，这想象的世界太过瑰丽，她一度忘记自己心理咨询师的身份。转念一想，也许，她正在共情公主的内心世界。这样想的时候，她整个身体飞升起来，变成一团烟雾，潜入公主的眼睛、身体。很快，伏丽西完完全全进入公主的内心世界，和公主融为一体。

最后一场暴风雪已整整过去11天。

往常，每逢暴风雪将至，魔法森林里的白乌鸦们，便不分昼夜，齐齐跳上树梢，呱呱叫个不停。

白天，它们把日头叫得昏沉沉，乌云飘来，像给魔法森林戴了顶乌黑的宽檐帽，飓风卷起枯枝四处乱窜。

晚上，它们跳上各家的屋顶，乱叫乱嚷："暴风雪来了！暴风雪来了！"那股热情劲，能把屋檐上的积雪化掉好几层。

多年以来，热心的白乌鸦一直是魔法森林里最不受欢迎的居民。无人知晓的是，遥远的过去，一群白精灵迷失了精魄，精魄在森林里游荡，化身为白乌鸦。

不明就里的森林居民，一直传言是白乌鸦招来了百年难遇的暴风雪和千年难遇的病毒。传言从某个聪明人口里说出，很快就扩散至森林的每个角落。

自此，白乌鸦们遭到驱赶，被迫迁离生活了几千年的巢穴，辗转飘零，最终，在猎人区找到一丛可歇脚的低矮灌木。天还没亮，白乌鸦就轮流飞到大河边勘察，它们左寻右看，扑打双翅，忽高忽低，时而，又跳到冰面上啄个不停。

不明白的人，以为它们在找食。事实则不然，它们在自发地守护大河，守护魔法森林的孩子们。

1. 渴　望

> **心理医生语录**
>
> 每一颗"恐惧"的苦果里都裹着一枚"渴望"的核。

第二天，公主又来到心斋。

公主关心了伏丽西几句，知道她安好，才重启昨天的话题。

公主说：

"我梦见一只又大又丑的怪鸟，全身漆黑，在森林里飞来飞去，似乎在找出路，却又永远找不到，它绝望地用头撞树，又用嘴啄自己的羽毛，发出凄惨的叫声。为什么我会做这样的梦？"

伏丽西说：

"释梦，是心理咨询中的重要技术和步骤，现在，你愿意重新回到梦境，去看看梦中的细节吗？"

公主点点头，她神情平和，嘴角微微上翘，有点小兴奋的样子，她快速躺好，闭上眼睛。

"嗯，这几天我一直梦到那只怪鸟，闭眼睁眼都是它，现在，我又看到它了，它在空中飞着，越飞越高，越飞越远，然后掉进了海里。"

公主皱皱眉头，继续说：

"但是，在我的梦中，它没有掉进海里，此时此刻，你让我重新进入梦境，我发现，我的意识无法主宰和控制梦境……现在，我整个人都失控了，似乎，我也掉进了大海！"

伏丽西相信公主能处理好，她也相信自己能在这次咨询中做好公主的同路人，她轻轻地走到公主身边，俯身在她耳边说：

"亲爱的公主，梦是我们潜意识的泄露，进入梦，就进入我们深层的潜意识，怎样释梦并不是重点，重点是，梦为我们理解潜意识搭建了一座便捷的桥梁。一会儿，你会看到越来越多的潜意识信息，无论你看到什么，神奇的，怪异的，令人惊恐的，都请告诉我，我一直在你身边。"

公主的意识防线渐渐松动，她渐渐沉入潜意识的大海。

"我和那只怪鸟一起掉进大海，沉入海底。海底好黑，我看到那只怪鸟变成了恶魔，就是上次我看到的恶魔！啊！它嘴巴好大，像一条巨蛇，又像是鲨鱼，比鲨鱼丑陋多了，我没见过比它更丑陋的东西。它浑身漆黑，还长了一对鸟的翅膀，眼睛红彤彤的，把半个海底都映红了。它长了好多触须，好多好多，牙齿很锋利，它的触须盘踞在海底，用触须捕食，呀！它吃光了海里一切有生命的东西。啊！太可怕了！"

公主浑身颤抖着，豆大的汗珠沿着发际淌下来，她握紧小拳头,让全身浸泡在冰冷的海水与彻骨的恐惧里。

伏丽西暗暗佩服公主的勇气,她说:

"公主,此时此刻,你一个人在海底,面前是一个恶魔,你想有人陪你吗?"

"想。"

"你想谁来陪你呢?"

"我想是,父亲。"公主脱口而出。

话音刚落,父亲月亮王从月宫降下,跃入深海,驾着海底的一股潜流,游到公主身边。父亲头发花白,眼里闪过一丝对女儿的愧疚,他伸出手,牵住女儿的手。

见到父亲,公主万般话语都卡在喉咙里,她不敢和父亲对视,两人就这样站在深海里,身体随海水来回摇晃,像两株缠绕了上亿年的水草。

伏丽西说:

"现在,父亲陪着你,你很安全,你和父亲一起看着恶魔,就这样看着它。"

公主把拳头握得更紧了,嘴唇哆嗦,嗫嚅道:

"我害怕,想转身逃跑,但是父亲说,不要害怕,爸爸在。他的这句话让我想起小时候的一件事情,那时候我很小,从宫殿里溜出来,跑啊跑啊,跑进一处丛林,迷了路。我四处乱撞,怎么也跑不出丛林。天黑了,我跌进猎人设下的捕猎陷阱,在里面挣扎呼救,嗓子喊哑了,泪水流干了,也没人来救我。天下起了大雨,陷阱里的积水很快涨到我的腰这么高,我又冷又怕,昏了过去。等我醒来时,我已经趴在父亲的肩膀上了,父亲湿淋淋的,他把一件珍贵的黑羽衣裹在我身上。这时,父亲也说,不要害怕,爸爸在。"

说到这里,公主的表情柔和起来,嘴角浮出一丝笑意。

伏丽西说：

"你问问父亲，是不是你做的一切都是错的？听听父亲会怎么回答？"

公主的脸色黯淡下来，在想象中，她在与父亲对话，脸上一阵红一阵白。过了许久，她说：

"我问父亲，是不是我做的一切都是错的。父亲停顿了很久，他说，我有很多让他骄傲的地方，只是，他怕我骄傲，从不夸奖我，只会不断指出我的不足。我说，我需要你的表扬、你的肯定。父亲说，他就是在一个没有夸人传统的家庭里长大的，他没有听过老月亮王说过一句肯定他的话，他曾经为此也疑惑过，还怨恨过老月亮王……最后，父亲说，他不是一个好父亲，父母并非天生就会当父母，爱是一种能力，爱儿女需要有爱的能力，而他，是一个没有爱的能力的人……我说，我很委屈。父亲说，会有其他人爱我的……父亲说了很多我让他骄傲的地方，他说我很聪明、善良，有同情心，体贴人，他说我很坚强，对自己要求很高，目标感很强，做起事情像个男孩子。他说我很多地方都强过他。"

说完，公主深深吸了一口气，她脸上依稀还有泪痕，面部松弛，肩膀放松，全身都瘫软在躺椅里，似卸下了千斤重担，她释然了。

这一段父女间的对话虽然发生在心灵世界，却是公主直面恐惧时的真实反映：让父亲失望的恐惧，被父亲否定的恐惧，终其一生不能讨好父亲的恐惧！每一颗"恐惧"的苦果里都裹了一枚"渴望"的核，渴望得到父亲的肯定，渴望成为父亲的骄傲，渴望父亲对自己的表现竖起满意的大拇指。现在，她诉说了恐惧，也表达了渴望，那种一直与自己较劲的恐惧消失了，那对情感的渴望如一枚正在生长的果核，在她身体里膨胀。

恐惧消失，爱现出原形。她不再否定自己，她迈出接纳自己、爱自己的第一步，开始用正面积极的眼光看自己，她相信自己是父亲眼中的骄傲，她更是自己眼中的骄傲！

伏丽西说：

"现在，父亲依然陪着你，你很安全，你和父亲重新看向恶魔，手牵手，看着它。"

虽是闭着眼，但公主的眼珠一直在转，长长的睫毛抖动着，像风中的秋毫。公主说：

"恶魔变了，变成了一个黑黑的小男孩！他告诉我，他叫阿怪，他长得真丑，黑灰色的毛发，青灰色的皮肤。但是，他并不让人害怕，我倒是觉得他挺可怜的。"

伏丽西说：

"你愿意将这个可怜的阿怪带离深海，带他上岸吗？"

公主点头答应。

"阿怪上岸了，小精灵和小小都在岸上等他。呀！阿怪的脸长得和小精灵一模一样，只是，小精灵的皮肤很白，他的皮肤是青灰色，还有黑灰色的毛。小精灵走过来，拉住阿怪，叫了一声'弟弟'，原来他们是孪生姐弟……"

说到这里，公主睁开了眼睛。

2. 多棱镜

> **心理医生语录**
>
> 潜意识的思维方式不是语词，而是表象，可以说，潜意识就是用表象来思维的。

"太奇怪了，怎么像在看电影？"

公主揉揉眼睛，不解地问，恶魔变成阿怪这一幕，无论公主脑洞多大，她都绝对想象不出。

伏丽西正埋头记录，这几次咨询，公主那些隐藏至深的子人格都陆陆续续地从潜意识出来了，伏丽西放下笔，摊开本子，让公主看她的笔记。只见笔记上写着：

1. 小树
2. 小小
3. 阿芙琳
4. 莫兹女妖
5. 小精灵
6. 恶魔
7. 阿怪（恶魔分解出的子人格）

"这些都是我的子人格？怎么这么多？七个，难道我有七重人格，哈哈！"

公主兴奋地说，眼里冒出奇异的光。当潜意识的潘多拉魔盒打开后，任何病态的形容词都不会击垮一个人对魔盒的疯狂好奇。

"啊！也许会更多，我的意思是，你也许会发现更多的子人格，但是，并不意味着你有七重人格。你会发现，在魔法森林里，当一个人被定义为'多重人格'时，人们看他一定是病态的，有严重的心理障碍。但是，你相信吗？魔法森林的每个人，都有很多子人格。所谓子人格，就是我们主人格的不同侧面，你处于不同的年龄段，面对不同的人，在不同的环境里，做不同的事情，你都会表现出不同的人格侧面，也就是说，你会表现出不同的子人格。"

看公主似懂非懂的样子，伏丽西接着说：

"可能我这样说你还不太明白，这样吧，你就把自己想成一个彩色的多棱镜，每一面都是你的一个子人格。用我自己举例，其中一面，是'独处时的我'，这一面的我安静平和，这一面镜子里，就有一只娴静的兔子，象征独处时我的安静和平和，可以说，这只兔子就是我多棱镜中的一面，是我的一个子人格；把多棱镜翻过来，另一面，是'做心理咨询时的我'，这一面的我勇敢果断，这一面镜子里，就有一个拿着宝剑的仙女，杀伐果断，有胆量，象征我治疗来访者时的勇敢和果断，可以说，这个仙女也是我的一个子人格；把多棱镜再翻一面，是'思考个案时的我'，这一面的我敏锐警觉，这一面镜子里，就有一只机敏的松鼠，象征我思考个案时的敏锐和警觉，也是我的一个子人格。我这个多棱镜还会有很多面，和不同的人在一起，不同的年龄段，不同的情绪下，就是多棱镜的某一面，会形成不一样的子人格。"

公主这回听懂了，她说：

"是的，在空心树里独处的我与在心理诊所的我，也好像是多棱镜的不同面。但是，我的疑问是，我怎么从来没想过用那七个子人格来描述自己呢？为什么我从未意识到我像这个像那个呢？恶魔，阿怪，我从未觉得我做什么事情或与什么人相处的时候像他们呢？"

公主瞪圆无辜的大眼睛，她很不喜欢伏丽西为她分解出的这些子人格，感觉被强加了一些不属于自己的东西。

伏丽西指指自己的头，再指指公主的头，笑着说：

"你的问题非常好，原因在这里！我们的意识！刚才，我用语词描述出来的子人格都处于我们的意识层，所以，不会对我们的信念、情绪产生太多影响，处于意识层的子人格，我们都可以找出好多个呢！意识到的东西影响不到我们，影响我们的是那些我们意识不到的——潜意识里的子人格。潜意识的思维方式不是语词，而是表象，可以说，潜意识就是用表象来思维的。那些我们遗忘的记忆、我们压抑的情绪，都被搁置在潜意识里，久而久之，这些记忆和情绪就会通过表象来表达它们。最常见的表达方式，就是用象征、夸张、凝缩、扭曲的方式来制造出一些相对固定的子人格，每个子人格都压抑了一些记忆和情绪。因为是在深深的潜意识层，所以，亲爱的公主，你当然意识不到，你也从未察觉。这些子人格一旦形成，就会根植在你的潜意识中，然后影响你的自我概念，影响你的信念，决定着你会受哪些事件的影响，影响着你对事件的判断、你的情绪。现在，我们需要一起做的就是，像交新朋友一样，去和每个子人格交朋友，觉察它背后那些遗忘的记忆和被压抑的情绪。"

公主吐吐舌头，双手一摊，说：

"伏丽西医生，虽然我似懂非懂，但我信任你，你说，接下来我需要怎么做？"

伏丽西一一询问公主对每种子人格的直觉印象，如果用三个最有概括性的词来描述每个子人格，公主会怎么描述它们呢？

公主想了想，还真是，每种子人格都有它的独特标签，都代表着公主人格的某一个侧面。

1. 小树：弱小、顽强、生命力
2. 小小：羞耻、怯懦、不敢反抗
3. 阿芙琳：善良、热心、积极主动
4. 莫兹女妖：强大、刻薄、阴暗
5. 小精灵：力量、活力、勇敢
6. 恶魔：邪恶、暴力、愤怒

7. 阿怪：沉默、暴力、敌意

阳光迈着轻盈的脚步，飞檐走壁，悄无声息地爬上诊所屋顶。从清晨到正午，心斋里，思绪翻腾，潜意识的火苗在每个角落跳蹿、燃烧。

3. 小 树

> 心理医生话录
>
> 哪怕身处岩缝，植根荒芜的大漠，只要有一滴水，有一缕阳光，我就能重新焕发生机。

一番分析结束，公主若有所思地看着笔记本，陷入深深的思索。公主专注的模样勾起伏丽西那遥远如梦一般的儿时回忆。一个画面从她眼前蹦出，一个女孩子，蹲在院子里观看蚂蚁搬家，一蹲就一上午，直到正午的阳光悄悄爬上她的肩头，直到悠悠的白云开始变幻形状。

这时，一扇门在小女孩身后打开，门内透出如彩虹一般的七彩光，光芒铺洒开来，在地上形成巨大的光网，小女孩，被罩在光网里。她站起身来，转身，走进那扇门。

此时，伏丽西有些恍惚，这想象的世界太过瑰丽，她一度忘记自己心理咨询师的身份。转念一想，也许，她正在共情公主的内心世界。这样想的时候，她整个身体飞升起来，变成一团烟雾，潜入公主的眼睛、身体。很快，伏丽西完完全全进入公主的内心世界，和公主融为一体。

门里，是一个奇异的世界，公主的七个子人格全部排成一列站得齐齐整整。每个子人格都有它各自的生命，各自的身世，各自的故事，各自的性格，各自的悲欢。

排在首位的，是一棵挺拔健壮的小树。伏丽西走到小树前，抬起手，抚摸小树脆嫩的树皮，树皮薄而湿润，原先被虫蛀过的地方长出一层厚厚的茧子来，被斧头砍过的地方，长出一个巴掌大的树疤。一道刺眼的亮光闪过，伏丽西伸手挡住眼睛，放下手时，小树已经变成一个嗷嗷待哺的婴儿。婴儿身上裹了一层厚厚的树皮，被绑得死死的，她哭声响亮，额头青筋直冒，两腮倔强地鼓起，一张一合的嘴巴，透着永不屈服的生命力。伏丽西疑心自己看错了，再定睛一看，婴儿又变回了小树的样子。

原来，小树一直长在我心里，它是我从洪荒世界带来的原始生命力，是我对这个世界最初的信念。来到这个世界，我会经历很多风吹雨打，我会经历很多饥饿和焦渴，我也会经历病痛的考验，但是，我从未屈服过。哪怕身处岩缝，植根荒芜的大漠，只要有一滴水，有一缕阳光，我就能重新焕发生机。伏丽西暗暗惊叹，赞叹这股劲头凶猛的原始生命力。

4. 小 小

> **心理医生语录**
>
> 这个叫小小的女孩仍然拒绝成长，仍孤零零地躲在宫殿隐秘的角落。

排在第二位的是小小。小小约莫三岁，赤身裸体，正蜷缩成一团，咿咿呜呜地抽泣。伏丽西正想上前去安慰小小，突然，她面前出现了一座金碧辉煌的宫殿。宫殿里空荡荡的，除了躲在墙角的小小，别无一人。漆黑的夜空，明亮的月亮和大熊星挂在天上。

今天，月亮王和大熊星公主又吵架了，父母吵架之于三岁的小小来说，简直是一场噩梦。每当父母大吵大闹，小小就吓得捂住耳朵，躲了起来，躲进衣柜，躲进床底，躲上阁楼。一阵哐啷巨响，父亲摔门而出，过了好一会儿，母亲从暗夜里走出，喊了几声"小小"，无人应答，她想当然地认为女儿一定跟着丈夫偷溜出门了，于是，骂骂咧咧几句，愤愤不平地将门锁上，逃离这个家。每次吵架后，他们必定要离开地球，到各自的星球待上几天。

那扇"砰"的一声关掉的门，隔绝了小小与外面的世界，也让她停止了生长。门外是彻底的黑，门内是一个永远躲在暗夜里抽泣的小女孩。多少年过去了，这个叫"小小"的女孩仍然拒绝成长，仍孤零零地躲在宫殿隐秘的角落。

伏丽西一阵眩晕，胸口那奔腾的岩浆正在涌动，她喉咙一阵发紧，闭上眼睛，鼻头酸胀，眼泪如泄洪开闸，哗啦哗啦地奔涌而出。

5. 阿芙琳

> **心理医生语录**
>
> 你是世界上最勇敢的孩子，你是爸爸的骄傲。

这时，一双小手伸到她脸上，冰凉的指尖正在擦拭她的泪，伏丽西心头一颤，睁开双眼。模糊的泪眼里，一个形容样貌非常像阿芙琳的小女孩，约莫四岁，正趴在一个中年男子的背上，笑盈盈地看着她。背后是一片碧蓝的大海、辽阔的沙滩，团团白云像千万只圆滚滚的绵羊，簇拥在天边，又排成队列齐齐地从天边往海滩奔来。

阿芙琳趴在中年男子背上，嘴里喃喃说道："爸爸，你不会离开我，不会不要我，是吗？"一边说，一边把小脸往中年男子的后颈窝里钻。中年男子侧过头，说："傻孩子，爸爸永远爱你，爸爸永远不会离开你，不要害怕，你是世界上最勇敢的孩子，你是爸爸的骄傲，你是整个星族人的骄傲。"

阿芙琳欢快地扬起双臂，在空中拍手，大声说："嗯，我是世界上最勇敢的孩子，我一定会成为爸爸的骄傲，嘻嘻！"然后，又伸出手来擦拭伏丽西的泪痕。这时，小女孩的眉眼变得很像小小，一颦一笑，又很像阿芙琳。

白云还在天上聚聚散散，小女孩和爸爸的身影凝固成海滩上的一尊雕塑。伏丽西呆呆地看着，她知道，这一刻，阿芙琳诞生了。

那些排成队列的子人格开始在伏丽西面前演绎人生的悲喜剧。

6. 莫兹女妖

> **心理医生语录**
>
> 当一个孩子被成人伤害，她很容易认同伤害她的成人，认同成人伤害自己的所有理由……

一扇门开了，伏丽西进到一间黑黑的小屋，四岁的小小正低垂着头，靠墙立着，音乐若有若无。

舞蹈教室里，一双骨节突兀的"鬼手"，撕下了小小的裙子。

"鬼手"，代表了成人世界恃强凌弱的法则。

当一个孩子被成人伤害，她很容易认同伤害她的成人，认同成人伤害自己的所有理由，又在成长中不断论证那些理由，然后，便夜以继日地自己伤害自己。

小小的裙子被撕下，小小的胸膛也被撕开了，她将一个强大、刻薄、阴暗的莫兹女妖强行植入自己的心脏，再胡乱把伤口缝合上。

被植入小小心脏的莫兹女妖在心牢里疯狂抓挠，每次抓挠，伤口就绷开一点，渗出殷红的血，久而久之，心裂开一条深缝，腐肉结成永久的血痂。

小小越是拒绝生长，莫兹女妖越能做她的主人，她渐渐成了莫兹女妖的奴仆。莫兹女妖时而跳出小小身体，对着小小一阵咒骂，恶毒的词语如枪林弹雨，在小小眼前狂轰滥炸，小小感到极度羞耻和恐惧，她不敢反驳，不敢反抗，连生气都不敢。她相信了莫兹女妖说的一切：我笨，我丑，我没出息，我是世界的累赘，我不配活下去。

一年又一年，小小一直拒绝生长，莫兹女妖却越长越高大，身体越来越强壮，拥有了长生不老的本领。她对小小的咒骂从偶尔一次变成每周，每天，每分钟，小小的自我憎恶感也每周、每天、每分钟增加。

7. 小精灵

> **心理医生语录**
>
> 小精灵人小鬼大，有惊人的抗挫力量，有用之不竭的活力，她非常勇敢，不畏惧一切艰难险阻。

好在，小小有一个隐形帮手——小精灵。

自阿芙琳爱上书籍的那天，小精灵就诞生了。

就在阿芙琳踮脚取书的那一刻，小精灵从宫殿书柜那几千册书籍的纸张夹缝里生长了出来。

书籍，为阿芙琳打开通往新世界的天窗，也让她认识了一个新朋友，一个随时给她力量的朋友。小精灵人小鬼大，有着惊人的抗挫力量，有用之不竭的活力，她非常勇敢，不畏惧一切艰难险阻。

阿芙琳认识小小，她很想和小小交朋友，但孤僻的小小固执地把自己关在黑屋子，拒绝和任何人亲近。偶尔，她会被阿芙琳的热情感染，推开一条门缝，往外瞧瞧，瞧见阿芙琳和小精灵玩得很开心，便在想象中和她们一起玩。

小精灵最看不惯坏人欺负好人，她恨透了莫兹女妖，时不时在小小毫无觉察时飞出来为小小助力。

小精灵会用她那富有感染力的言辞将莫兹女妖斥责一通，莫兹女妖自觉理亏，便会消停几天，等待时机再揪住一些小事来攻击小小。那几天，是小小最平静的时候。

小小一直不知道有小精灵的存在，但她却能在心情平静时感受到一股潜在的力量，像上天给她安插了一对隐形的翅膀，让她有了飞离黑屋子的勇气。那几天，小小会从墙角站起来，推开半扇门，好奇地打量外面的世界。

只是，小精灵年龄尚小，力量尚小，不足以打败莫兹女妖。狡猾的莫兹女妖一旦揪住时机攻击小小，小小便会感受到折了翅膀的羞耻和痛，又退回了黑屋子。

8. 恶 魔

> **心理医生语录**
>
> 恶魔便伺机而动,把所有暴虐性的话语和愤怒全指向小小,让小小的自卑、自我憎恶瞬间升级为暴虐的自我攻击,小小的轻生念头由此萌发。

这世界的恶意似乎并没有因阿芙琳和小精灵的出现有所减少。

小小在学校继续遭遇难以启齿的欺辱与霸凌,回到家,面对父亲阴沉的脸与母亲暴怒的眼,她不敢提起学校里发生的一切,怕给父母添乱,怕父母因此又爆发一次剧烈的星球大战。

小小选择默默咽下苦与泪,埋头苦学,两耳不闻窗外事,一心只读桌上书。莫兹女妖的咒骂如影随形,她继续给小小施加语言暴力。万幸的是,在阿芙琳和小精灵的帮助下,小小的成绩一直都很好,她不与人亲近,把自己藏进厚厚的书本,以为这样就能抵挡恶意。

那天,那一口浓痰落进小小的嘴,莫兹女妖便放出了她豢养的恶魔——一头邪恶、暴力、愤怒的怪兽。

这恶魔用它触角上的吸盘,把小小对世界的美好情感统统吸进肚里,也把小小对世界的愤恨与仇视统统吞没。恶魔寻找过很多宿主,世界上每颗心灵都被恶魔光顾过,但它最喜欢蹲伏的地方便是如小小般羞耻、懦弱、不敢反抗的心灵,因为这里有它的用武之地。

在小小的湖泊中学毕业游时,那些在小小耳边聒噪的贬损性的话语瞬间将她心里的莫兹女妖调动出来，莫兹女妖开始咒骂小小，小小放眼望去，现实世界里，谁都是莫兹女妖！恶魔便伺机而动，把所有暴虐性的话语和愤怒全指向小小，让小小的自卑、自我憎恶瞬间升级为暴虐的自我攻击，小小的轻生念头由此萌发。

类似的事情又在红城堡学院的毕业游上重演，恶魔再次出洞，让小小逃进茫茫的森林暗夜。此时，阿芙琳、小精灵远远地站在一边干着急，恶魔出没时，天地阴沉，近在咫尺的好友也束手无策。

此时，恶魔在伏丽西面前耀武扬威，它伸出所有触角，往空中喷洒黑色的墨汁，那邪恶的触角攫住了所有人的鼻息，人们屏气凝神，表情木讷，似乎已丧失了与之搏斗的愿望。然后，一双巨大的翅膀从恶魔背上长出，它化身为一只黑羽怪鸟，伏丽西惊呼，"公主怨"！

"公主怨"的形象只停留了一刹，随之，"恶魔"就恢复了原型，像龙，像鲨鱼，像巨犬，朝伏丽西扑来。亮光一闪，一把剑从空中直直飞落，剑柄掉入伏丽西手心，一个声音从空中传来："女儿，不要害怕，握住这把月光宝剑！"

9. 阿 怪

> **心理医生语录**
>
> 一个沉默不羁的子人格阿怪就此诞生。他是小精灵的孪生弟弟，和小精灵一样勇敢，有力量，只是，他对世界还缺乏信任，他惧怕暴力，又常常以牙还牙，以暴制暴。

伏丽西抬头，夜空中，月亮高悬。关键时刻，月亮王给伏丽西投掷了月光宝剑，伏丽西一跃而起，拼尽全力，把月光宝剑掷向恶魔。恶魔中剑后，如大山般轰然倒地，此时，天崩地裂，星河陨落。过了许久，从恶魔身体里爬出一个小男孩，正是阿怪。他长得和小精灵一模一样，只是浑身黑毛，皮肤青灰。

伏丽西获得了月亮王施予的勇气和信心，敢于直面恶魔，与之作战，战胜了恶魔。

一个沉默不羁的子人格阿怪就此诞生。他是小精灵的孪生弟弟，和小精灵一样勇敢，有力量，只是，他对世界还缺乏信任，他惧怕暴力，又常常以牙还牙，以暴制暴。他对人恐惧，又常常表现出敌意和对人的轻蔑；他渴望有朋友，又常常表现出不可一世的傲慢。

阿怪紧紧抿住嘴唇，歪着头，斜眼看看伏丽西，朝伏丽西一步步走来。伏丽西若有所悟，她想蹲下来牵住阿怪的手将他带离这里。

电光火石间，背景回到魔法森林的心理诊所，阿怪变成了公主的样子，正低垂着头，坐在草甸椅上，像条小恶犬一样，朝伏丽西瞪眼吐舌。伏丽西倒吸一口气，后退几步，后面是万丈悬崖，伏丽西双脚踩空，来不及回头，便跌进了无底深渊……

10. 谁在紧张？

> **心理医生语录**
>
> 回溯子人格的诞生故事一定是我们心理咨询中的关键转折。

"啊！"
伏丽西大叫一声。

汗水浸湿了蝉翼服，她缓缓睁开眼睛，见自己好好地坐在檀木椅上，对面，公主一脸娴静的表情，正闭眼小憩，像什么事都没发生过。

公主伸个懒腰，打个呵欠，像刚从酣梦里醒来，她睡眼惺忪，轻声说道：

"谢谢你，伏丽西医生，我终于了解到，我的那七个子人格是源于我遗忘的记忆与压抑的情绪，每个子人格背后都有一段经历和故事呢！你的意思是，今天开始，我要和每个子人格交朋友，认识和熟悉他们，是吗？这样一来，我的抑郁情绪会越来越少，我会在自我成长的路上走得更远。伏丽西医生，我相信你，我愿意这样做。"

伏丽西从恍惚中清醒过来，原来，刚才自己给公主做了一场催眠治疗，刚才的景象，全是公主叙述给她的，自己过分投入，才有如入梦境之感。

作为心理咨询师，共情是必须的。最深的共情境界，便是化身为来访者，在对方的潜意识世界里神游，意识模糊，人我不分。就在刚才，公主在伏丽西的指导下，已从催眠状态里苏醒过来，而伏丽西的自我催眠却还在继续。伏丽西说：

"是的，亲爱的公主。回溯子人格的诞生故事一定是我们心理咨询中的关键转折。但是，仅仅了解它们的过去还远远不够，我们需要让它们的现在和未来都变得更好，这样一来，我们的内在冲突才会消失，才能保证以后不再受抑郁情绪的困扰。"

"嗯嗯，你说得很对，那我接下来应该怎么做呢？"公主说。

"上一次心理咨询，你想解决与猎人交流时说话紧张的问题，回顾今天的故事，你告诉我，真正紧张的是哪个小人儿呢？"

伏丽西用手指指胸口，示意公主反观内心，她将子人格称作小人儿，为了让公主更能形象化地理解，每种场景、情绪都会对应不同的子人格。

"嗯，上次咨询中，刚进入想象，我就看到小小和猎人站在海滩，两人离得很远，猎人像是一个我不认识的男人，小小很紧张，因为她赤身裸体。"

公主晃晃小脑袋，说到"赤身裸体"时，脸上泛出红晕。

伏丽西说：

"对，所以，面对异性紧张的并不是你，不是这个坐在我面前的你，而是你内心的小小，对吗？"

"是的。"

公主点点头，眼神有些茫然，她不知道伏丽西葫芦里卖的什么药。

伏丽西挺挺胸膛，下巴一扬，击掌道：

"对啦！就在我们本次咨询的上半段，你在父亲的陪伴下，与恶魔对视，恶魔变成了阿怪，对吗？然后，阿怪上岸了，小精灵和小小都在岸上等他，是吗？"

公主点点头，那是在本子上记录子人格之前的咨询内容，现在想来，竟有一种恍若隔世之感。

11. 呼唤小精灵

心理医生语录

心理咨询总会结束，在结束前，咨询师必须调动隐藏在来访者内心的力量，说到底，是让来访者学会发掘内心那无穷的宝藏和资源，做自己的心理咨询师。

"现在，到了作战胜利的前一刻。我要你闭上眼睛，进入这个场景。1……2……3！"

伏丽西在公主耳畔打了个响指,将公主瞬间导入催眠状态。公主闭上眼睛,十几秒后,她的呼吸变得均匀。

"小精灵、小小、阿怪一起上了岸。小精灵认识小小,不认识阿怪。小小不认识小精灵,也不认识阿怪。阿怪呢,他谁都不理,一副很拽的样子。小精灵很友好,她把弟弟阿怪介绍给小小,说他俩都愿意跟小小做朋友。他们三个在海岸上走啊走啊,前方一座房子,他们进了门……竟然是舞蹈教室,阿芙琳在这里等他们,当然,莫兹女妖也在这里。他们见到阿芙琳很开心,尤其是小精灵,像老朋友一样一把抱住了阿芙琳。阿芙琳帮小小穿过衣服,小小对她很有好感。阿怪虽然不认识阿芙琳,但看到小精灵和阿芙琳很熟,他的防范心减少了些。这时,莫兹女妖走了过来,她……她变了,她什么话都没有说,装作不认识小小,就这样径直从四个人身边走过去。一开始小小还很害怕,见莫兹女妖没训斥她,心里顿时乐开了花。这时,小精灵提议大家去外面玩,于是,四个人就跑了出去,外面是一片广阔的草地,他们又唱又跳,虽然阿怪和小小有些拘束,但小精灵和阿芙琳好开心!"

公主的嘴唇往上翘翘,鼻头一皱,又想哭又想笑的样子,她脸上泛起红晕,呼吸急促起来,说:

"我感受到小精灵和阿芙琳的开心,他们在我心里蹦跳,我感受到他们的开心啦!"

公主的神情,就像在荒漠里发现绿洲,在戈壁滩发现了甘泉,她似乎在体验生平第一次发自内心的开心与喜悦。

此时的伏丽西也是心潮澎湃,她完全沉浸在公主的内心世界,先公主而动容,眼角泛出泪花,她说:

"好,公主,此时此刻,这四个小朋友里,哪一个遇见异性不会紧张,哪一个遇见异性会紧张?"

公主毫不犹豫地说：

"小精灵最不紧张，小小最紧张！"

"如果今天你走出心理诊所，再遇见猎人，你就请小精灵帮助你，你呼唤她给你力量。想象她从你心里走出来，迅速占据你的全身，你就是小精灵，小精灵就是你，你就可以坦然面对猎人的目光了，跟他说话，你也不会紧张了。你相信小精灵的力量吗？她可是世界上最有力量、最勇敢的小精灵！"

说话间，小精灵似乎已经占据了公主的身体，她睁开眼，一双炯炯有神的大眼睛环顾四周，细细地打量屋内的陈设和装饰，像第一次来诊所一样。

"伏丽西医生，此刻，我正在体验被小精灵占据全身的感觉，我正在用她的眼睛来看这个世界，我心里充满了力量。我相信我可以做到！"

伏丽西激动得手指发颤，此刻，她也是又想笑又想哭，她嘴角抽动了几次，有好多话在嘴边，却不知该如何表达。

心理咨询总会结束，在结束前，咨询师必须调动隐藏在来访者内心的力量，说到底，是让来访者学会发掘内心那无穷的宝藏和资源，做自己的心理咨询师。

当这一刻真的来临时，咨询师任何的鼓励、肯定、认同都显得那么苍白。伏丽西张了张嘴，犹豫了几秒，还是把话咽进了肚子。

也许，此时此刻，沉默，才是最好的表达。

本次心理咨询结束了。

考拉小姐打开心斋的门，迎面而来的是公主的一个熊抱，惊得考拉小姐把身子缩成圆滚滚的肉球，从肉球里掉出两只小爪子，在空中胡乱抓了一阵。

"再见，伏丽西医生。再见，考拉小姐，我还会再来！"

公主话音刚落，便拍拍考拉小姐肥厚的腰肢，又在她头顶狠狠亲了一口，才恋恋不舍地放下她，边蹦边跳地跑出诊所。

惊魂未定的考拉小姐抚抚小心肝，朝门口望望，好半天才反应过来，对伏丽西说：

"刚走的这个女孩和上午进来的那个女孩是同一个人吗？她好像长高了，长大了！"

伏丽西还沉浸在自己的思绪里，没回答考拉小姐，她迅速找来钢笔和银杏叶本子，"唰唰唰"地记录着。

静谧的午后，一只白乌鸦在树梢"呱呱"叫着。

冰雪化了！冰雪化了！

冰雪化了！

魔法心理小课堂

1. 释梦

释梦是精神分析最基本的分析技术之一。精神分析的释梦，是针对梦境的自由联想再加上解释，是自由联想和解释的结合。

2. 催眠治疗

催眠治疗又称催眠疗法，是指用催眠的方法使患者的意识范围变得极度狭窄，借助暗示性语言，以消除病理心理和躯体障碍的一种心理治疗方法。通过催眠治疗，将患者诱导进入一种特殊的意识状态，将医生的言语或者动作整合进患者的思维和情感，从而产生治疗效果。

第十三章
和 解

> 作为一名心理咨询师，最大的幸福便是见证一只自卑的小虫子最终破茧重生，长成一只美丽光鲜的大蝴蝶；见证一粒种子埋在地下悄无声息了近千年，突然偷到阳光和空气，长成参天大树；见证一座愤怒了亿万年的火山，突然不再崩裂山石，不再惊动上天、撼动大地，不再喷涌苦辣岩浆，而是渗出取之不尽的温泉；见证一个怯怯的小女孩最终成长为独立自强的新女性！

日子，如沙漏，把魔法森林冬日里的坚冰，一点点漏掉，再架上一把柴火，烤化了沙漏里的坚冰，烤暖了森林的寒冬。

寒冬，留在森林里的最后一瞥，便是大河上的零星浮冰。鱼儿在浮冰下嬉戏、追逐，水草摇摆，如岸上杨柳的影儿。

春潮的暗流，在河床深处汹涌。

春的气息从枝丫里长出来，从小野花的花瓣里唱出来，从飞禽走兽的腿里蹦出来，从森林居民的脸上笑出来。

外出踏春的人越来越多，居民们三三两两到大河里泛舟，到山丘上野炊，到森林里每一个熟悉又陌生的角落，感叹一句，此处甚好！便席地而坐，聊起闲话。

这个春天，来得不迟，不早，一切都刚刚好。春日的暖阳驱散了"抑郁症病毒"的阴云。

"抑郁症不是病毒"的观念已深入每位居民心中。有的略懂心理学的居民还会逢人就普及抑郁症小常识，一口一个伏丽西医生，言之凿凿，说什么抑郁症不是敌人，是我们的朋友；不要把抑郁症当病，不要把自己当病人；抑郁是每个人都有的情绪，情绪积累多了就会引起躯体不适，心理咨询既可以疏导严重抑郁情绪、治疗严重心理障碍，又能疏导一般性情绪问题。

1. 消失的好友

> **心理医生语录**
>
> 心理咨询的路上，当来访者决定踩油门，咨询师没有理由让她踩刹车。

早春，大河里最后一块浮冰也消融了。

告别了漫长的冬，魔法森林里的植物每天都在疯长，满目都是野蘑菇、春笋、嫩桑、野菜和野果。在森林走动，只要一弯腰，一伸手，准是满手的鲜脆与嫩绿。

空心树外，一堆堆把人馋出口水的鲜珍重重叠叠地生长着，灰兔夫人和公主足不出户也能饱餐。

只是，好朋友阿芙琳消失了。

灰兔夫人和公主四处打听，从猎人区问到居民区，竟无一人见过一个穿粉红色衣服、戴粉红色蝴蝶结的黑发小女孩。

灰兔夫人说，阿芙琳一定是自个儿走出了魔法森林，把两个好朋友抛弃了。

对于阿芙琳的去向，公主并不在意，因为阿芙琳时时刻刻会从她心里跳出来说话，说她喜欢冒险，喜欢远方的牧场，喜欢辽阔的草地，喜欢一朵朵如绵羊般的白云。公主相信，阿芙琳一定独自去探险了，魔法森林这么大，她走上一圈就等于给地球测了一次腰围。

"阿芙琳在我心里。"

每逢听到灰兔夫人抱怨，公主就这样回答。

公主坚信，阿芙琳过得很好，好朋友之间，相信彼此安好，就是友谊最大的馈赠。

公主的心理咨询一直在继续，她会每周固定时间来诊所两次，回去后认真完成咨询作业。

公主没来的日子里，灰兔夫人会借故找考拉小姐聊天，在心理诊所门口晃悠几圈，见里面的人不忙，便敲响藤萝门，吃几块考拉小姐的松子饼，喝杯普洱茶，再懒懒地躺在虫毯上睡个午觉。

闲聊中，灰兔夫人总会问，公主什么时候痊愈，什么时候结束心理咨询，偶尔，她也会捎来一些公主的新消息。

"嘿！公主现在可喜欢给人讲故事了，而且是当着一群孩子的面讲故事，那模样，真像个乡村女教师。我问她当众说话紧张不，她说，刚开始有点，用了伏丽西教她的方法后，就不紧张了。据说伏丽西送了她一个小精灵。唉！得抑郁症真好，还可以送小精灵，只可惜，我没有得过这病。"

"嘿！考拉小姐，你知道吗？公主现在常常和魔法银行的青年猎人约会，他们在河边散步，在森林饭馆里吃饭，还说要一起去魔法森林的尽头找活火山！疯了！这是我认识的公主吗？不过，她长得真快，嗖嗖嗖，就从一个小女孩长成了个少女，一天一个样，现在，看着年龄有十七八岁了。考拉小姐，你说，公主会不会谈恋爱了？"

这天，灰兔夫人匆忙地敲开门。

"伏丽西医生，考拉小姐，给你们说一个坏消息，魔法森林要建一个小学，那些居民都推选公主去当老师，公主说她考虑一下！她竟然要考虑留下来！难道她不想走出魔法森林了吗？她不出去，我怎么办？"

正在心斋里翻阅咨询记录的伏丽西听到灰兔夫人的大叫大嚷，一开始也颇感吃惊，公主确实在一天天变好，她在人际交往方面越来越主动，面对异性的紧张感越来越少，如果她真做了学校老师，对她人际能力的提升一定大有裨益。只是，公主似乎走得太快了。

心理咨询的路上，当来访者决定踩油门，咨询师没有理由让她踩刹车。

公主的心理咨询正常进行，她的咨询目标正在一一实现，很多目标还是超预期完成，为何伏丽西心里如此慌乱呢？她在担心什么？

原因在于，就在前几天，伏丽西做了一个梦，一个有关公主的梦。

2. 战　斗

> **心理医生语录**
>
> 成人和孩子的最大区别，不是相貌和年龄，而是责任意识。成年人不再抱怨父母没有给自己什么，而是去看父母给了自己什么，并且，自愿承担今后人生的全部责任。

前几天下午，公主结束了心理咨询，精神焕发地走出心斋。伏丽西觉得头脑发胀，眼皮发酸，能量在一点点流失，也许，一天的心理咨询让她身心疲惫。伏丽西看看时钟，离下一位来访者的咨询时间还有一个小时，于是她闭眼小憩。

她眼前掠过儿时的画面。

儿时的她，正光着脚丫，沿一条泥泞小道漫无目的地走着，走到河边，搭乘木舟，渡河，对岸就是猎人区。这里群山环绕，这是她出生和成长的地方，儿时满满的记忆，都在这里。

翻过一个小山丘，竹林深处，便是她儿时的家。

这是一座用青石砖堆砌的房子，推开房门，里面是悄无声息的黑，一股莫名的恐惧爬上伏丽西的后背，这个儿时的家，如此令人战栗，处处透出坟墓般的荒凉。

门，"啪"的一声关上了。

伏丽西退无可退，黑暗里，她竟然看清了里面的摆设，和她小时候一模一样：一架老式的红木床，占据了房间的三分之二，床上躺了一个人。伏丽西划燃一根火柴，慢慢走近，床上躺着的竟然是——公主。

伏丽西惊呆了,她突然意识到自己是在做梦,她奔向房门,想逃出老屋。可是,房门从外面锁上了,怎么也打不开。这时,公主醒来,坐了起来。伏丽西不停念叨:

"我在做梦,我在做梦,这是梦,这不是真的。"

她努力让自己睁开眼,见自己仍然在心斋里,才知道刚才真是一场梦!

她动动身体,庆幸自己从噩梦中醒来,刚松了一口气,外面刮起一阵狂风。伏丽西飞奔至窗边,见整个天空变成了血红色,一个怪兽从天而降,正是公主描述的恶魔。

此刻,恶魔露出锋利的牙齿,张开遮天蔽日的翅膀,用爪子攫取一个个活人,都是伏丽西认识的人,亲人、老师、同学……

魔法森林来了入侵者!

曾经,莫兹女妖是入侵者,我打败了它,现在,我一样可以战胜恶魔。伏丽西的愤怒战胜了恐惧,她撞开窗户,跳了出去,奔到恶魔面前,她手里没有任何武器,只有充斥全身的愤怒。

恶魔见到伏丽西,突然安静了下来,它松开爪子,放下食物,几个死里逃生的人迅速躲到伏丽西身后。

不知道从哪里来的力量,伏丽西朝恶魔走近,伸出手,在恶魔头上轻轻地摸了摸,说:

"如果你想伤害人,你就伤害我吧,不要去伤害其他无辜的人!"

恶魔像狮子一样咆哮了几声,然后,张开爪子扑向伏丽西。伏丽西闭上眼睛,心里却很镇定,如果她的死能保护整个魔法森林,就让自己的牺牲换取森林的和平吧。

恶魔在伏丽西的手臂上抓挠,用嘴咬她,用头撞她,像一只被囚禁的烈犬见到阔别已久的主人,动作虽然粗鲁,却并无恶意。

许久，伏丽西睁开眼睛，见恶魔正在舔她手臂上的抓痕，眼神温顺。伏丽西内心升起巨大的悲悯，她说：

"我知道，你心里有很多怨恨和愤怒，你曾经被老师欺负，被同学霸凌，没有得到父母的保护，你有很多愤怒，你想用暴力去报复整个世界的不公，去报复世界的冷酷和恶意。"

恶魔呜呜地叫，把头趴在伏丽西的怀里，使劲蹭了几下，又对着天空发出一两声咆哮，悲伤的、委屈的咆哮，然后，用它那对绿幽幽的眼睛看向伏丽西，眼神里尽是哀伤。

伏丽西轻抚它的头，轻轻说：

"这不是你的错，这不是你的错！"

话音刚落，恶魔变形了，变成了小男孩阿怪，身上青一块紫一块，皮肤被划出很多伤痕，有的地方还在淌血，似乎刚被人打过。

公主的父亲月亮王也走了过来，他从怀里拿出一瓶药膏，在伏丽西的手臂上抹了一些药，又给阿怪检查了身体，给他的伤口一一上了药。

这时，伏丽西感到一阵嫉妒，她嫉妒这个小男孩阿怪，为什么他得到了更好的医治和照顾？自己身上的伤不就是他弄出来的吗？为什么月亮王父亲更疼阿怪？此时，月亮王父亲说话了，他说：

"在阿怪是恶魔的时候，它确实伤害了你，但是伤害你并不是它的本意，它也被别人伤害过。放下那些伤害，不要再伤害自己，不要把别人的伤害继续转嫁到你自己身上，放下伤害，就是放过你自己，好吗？"

伏丽西正想申辩，但是，月亮王父亲的话似乎有着神奇的力量，伏丽西又无从申辩。她眼前跳出很多与伤害有关的画面，在家，在学校，毕业游，莫兹女妖，她胸口一阵发紧，说出一句让自己惊奇的话：

"我答应你，我不再伤害我自己，我放过我自己。"

月亮王父亲张开手臂，抱住伏丽西，他的怀抱温暖厚实，为伏丽西挡住了血红色的天空，挡住了狂风，挡住了严寒。

月亮王父亲说：

"你永远是我的女儿，但我并不是一位称职的父亲，在你最需要爱的时候，我没有给你足够的爱，我自己缺乏爱的能力，这一点，我非常抱歉。我现在已经明白了一切，不知道会不会太晚。从今天开始，我会给你关心，给你爱。女儿，我爱你，我从今天开始学习做一个好父亲。"

伏丽西狠狠地点点头，她的内心淌着一条大河，一条生命之河，岸边，老树长出新枝，枯木开出繁花……

伏丽西缓缓睁开眼时，见自己正趴在草甸椅上沉睡，看看时钟，离下一个来访者的咨询还有 30 分钟，原来，她一直在梦里。

心理咨询师在咨询期间做的与来访者有关的梦，往往提示着心理咨询的走向，伏丽西拿起纸笔，草草几笔，将梦记录下来，又在末尾处写道：

这个梦很重要，提示我在之后的心理咨询里，该如何帮助公主完成自我成长。必须要做的事情之一，让恶魔从公主内心完全释放出来。

让恶魔从公主内心完全释放出来的步骤，第一，承认自己受到了伤害，正视这些伤害，直面伤害带给自己的愤怒，直面内心对伤害过自己的人的愤怒，允许自己有愤怒，学会表达愤怒。

第二，停止反刍思维，不能一味地沉浸在过去的阴影里。有人的地方就有伤害，每个人都伤害过别人，每个人也被别人伤害过，伤害你的人也被人伤害。恃强凌弱是人性，以牙还牙是人性。长大，不一定就不会被伤害；变成强者，不一定就不会被伤害。如果不停止反刍思维，伤害你的就不是那些事、那些人，而是你自己。所以，你唯一能做的就是，与伤害告别，不再伤害自己，放过自己。不再把那些极具伤害性的"自我否定"标签贴在自己身上，从自挫式信念里走出来，才是与伤害告别，才是放过自己。

第三，打破寻求父母庇护的心态。不管父母做到了什么，没做到什么，有爱的能力也好，缺乏爱的能力也好，我们成年后，就必须把保护自己的责任全部抓在自己手里。抱怨父母是一种非常不成熟的心态，因为抱怨就是在给今天的所有不幸找理由，把今天所有的失败原因推诿给父母，抱怨改变不了任何事情，只是不停地让你感觉你是一个未成年的孩子，你不需要为你的人生负责。

成人和孩子的最大区别，不是相貌和年龄，而是责任意识，成年人不再抱怨父母没有给自己什么，而是去看父母给了自己什么，并且，自愿承担今后人生的全部责任。

3. 残酷的真相

> **心理医生语录**
>
> 她也了解到一个残酷的真相：不是所有孩子的诞生都是爱情的结晶，所有的父母都想爱孩子，但并非所有的父母都有爱的能力。父母婚姻的不幸与孩子无关，这不是孩子的错。

伏丽西合上释梦笔记，心情稍许平复，她又翻开公主的咨询记录，一点点查验，寻找可以参考的咨询线索。直到现在，公主的个案仍存在一些让伏丽西困惑的地方。

在心理咨询中，心理咨询师对个案的理解一定要跟上来访者的成长速度，尤其当来访者出现了超预期成长时。有时候，来访者的成长是一种移情性的假性成长，一旦脱离了咨询关系，他就很容易回退至原点，这才是伏丽西最担心的事。

在这段时间的咨询中，公主呼唤小精灵，在需要帮助的时候，从小精灵那里获得勇敢和力量。

一次咨询中，公主谈到，她最不敢面对的人际关系其实并非异性，而是父母，她从来没有在父母面前真实而勇敢地表达过自己，这才应该是她处理不好人际关系的症结。

那次咨询结束后，她去见了父亲月亮王和母亲大熊星公主，三人做了一次朋友式的交谈。她很想知道在自己出生前父母到底经历了什么。

母亲沉默了许久，说出了这样的事：母亲和父亲年纪轻轻就结婚了，父亲是母亲的初恋。那时候，母亲很年轻，不懂什么是恋爱，家人都说门第相当就是婚姻的全部，母亲便稀里糊涂地和父亲结婚了。结婚当天，父亲在婚礼结束后落泪了，说自己错失真爱，迫于家族压力才娶了母亲。母亲抓狂了，当时就拎起宫殿里的银烛台砸向父亲。之后，父亲三天两头晚归，等不到父亲，母亲开始借酒浇愁，渐渐地，染上酗酒的恶习。没几个月，母亲在毫无准备当妈妈的时候发现自己怀孕了。那时，母亲不想要这个孩子，想过打胎，但是父亲说，孩子是无辜的。就这一句话，让母亲对父亲重新燃起希望，也许，这个孩子可以拯救他们的婚姻，可以把父亲的心牢牢拴在家里。只是，命运又给了母亲一记响亮的耳光，之后的事情，不用母亲讲述，公主都一清二楚。

在心理咨询中，公主这样说：

"当母亲发现，用女儿来拴住丈夫的策略失败后，她把对命运的憎恨、对父亲的仇恨、对家族的怨恨全转嫁到我身上，我现在才清楚，为什么无论我做什么，说什么，母亲都是一脸怒容。小时候，我一直想讨她开心，逗她笑，给她当传声筒，但是无论我怎么做，她最多用鼻子轻蔑地哼哼几声，便开始数落父亲的各种不是。在母亲的眼里，我也是一个一无是处的人，母亲指责我最多的话就是，你无能，你没有明辨是非的能力，你没有是非感。意思就是，我没有和她一起诅咒父亲，没有和她站在同一个阵营里。那时候我很小，真的不懂他们之间的爱恨，我以为全天下的父母都是因为相爱才生下孩子的。我对父亲的记忆是，他让我趴在他背上玩，多么美好的画面。即使母亲频繁说父亲有多少个女性朋友，我也恨不起来。在我眼里，父亲至少有温情的一面。等到我长大了，我才开始恨父亲，恨他为什么给我定那么高的要求，为什么给我那么高的期许，我恨我达不到他的要求，我恨他只在乎自己的面子，只想让我成为他的骄傲。我恨他把一切错都归到我身上，说我不听他的话。但他有没有想过，他陪伴我的时间那么少，他们的婚姻给我带来那么多的伤害，我又该听谁的话呢？"

在这次心理咨询中，公主能明确地意识到自己对父母的愤怒，并且，开始表达愤怒。

这一刻，一直以来影响她的罪疚感消失了，她不再对自己说谎，不再自欺欺人地相信"自己是拯救父母婚姻的超人"。

她也了解到一个残酷的真相：不是所有孩子的诞生都是爱情的结晶，所有的父母都想爱孩子，但并非所有的父母都有爱的能力。父母婚姻的不幸与孩子无关，这不是孩子的错。

真相固然残酷，了解真相却是自我成长的必经之路。

存在主义心理治疗认为，看清人存在的真相和本质，激发人主动改变的意愿，承担起人生的全部责任，与咨询师建立信任与合作关系，充分投入生活，是来访者在心理咨询中发生改变的核心过程。

4. 选择权

> **心理医生语录**
>
> 面对愤怒，无节制的宣泄是无益于成长的，理性宣泄和领悟才是心理咨询的正道。

面对愤怒，无节制的宣泄是无益于成长的，理性宣泄和领悟才是心理咨询的正道。

"我们允许自己对父母有愤怒，表达愤怒之后，不再抱怨父母，为自己的人生负起全责，这是从孩童迈向成人的一大转折，也是孩子与成人的根本区别。父母的做法伤害了你，你很愤怒，但你仍然可以选择完全爱你自己。停止抱怨父母，完全接受他们是你的父母，完全接受你是他们的女儿，因为，这就是事实的所有真相。你接受了这所有的真相，你就真正接受了自己。"

伏丽西说。

公主的愤怒渐渐转成怜悯。

世间活法何其多，万万千，千千万，但成为自己父母的女儿，便只有一种活法。

将子女养大，父母的责任已经尽到。纵使父母有千般过错，子女要真正长大成人，却只有接受这一条路。

接受父母是自己的父母，接受自己是父母的女儿，接受这一永不改变的真相。

如果原生家庭是一面生而残缺的蛛网，公主以前一直想做那只修补残网的蜘蛛，然而，真正要紧的，却是接受蛛网的残缺，不再怨恨和否认！接受，接受！在残缺的蛛网上织出生命之花。

想到这里，公主说：

"是的，虽然父母伤害了我，我很愤怒，但我完全接受他们是我的父母，我也完全接受我是他们的女儿，我完完全全地爱我自己。当我说出这句话时，是在一边说我很愤怒，一边说我完全接受，看似矛盾，但是，我发现，只有这样，我才能真正理解父母。他们的婚姻很不幸，他们第一次当父母，他们也不懂怎么当父母。我很同情他们，我的人生还长，而他们的人生过了大半，已无法重头再来了。当我这样说、这样想时，我能想到越来越多的温情画面，心里竟然觉得暖暖的。"

在下一次的心理咨询中，公主惊奇地发现，她越能勇敢地表达对父母的愤怒，小小的羞耻感就越少，莫兹女妖的贬损性话语也少了，恶魔体型变小，阿怪身上的黑毛也在变少。

在后来的一次心理咨询中，公主说，她再一次见到父亲月亮王和母亲大熊星公主时，她以一个成年人的姿态和父母又做了一次彻夜长谈。这次谈话，没有无节制的情绪宣泄，公主只是坦然告诉父母自己正在接受心理咨询，坦然告诉父母自己曾深陷抑郁，也告诉父母自己对他们有过怨恨，但是，自己已经成年，会承担起未来人生的全部责任。

月亮王和大熊星公主从未想过，女儿竟然一直把他们婚姻的不幸归罪于自己，女儿一直背负着巨大的情绪包袱，在母亲的贬损与否定中，女儿从小给自己贴了那么多负面标签；在父亲的超高期待下，女儿从小就背负了来自整个星族对"天之骄女"的厚望。又听到女儿说，过去的一切都已翻篇，自己是一个成年人，会担负起未来人生的全部责任，他俩先是叹气，黯然神伤了一会，之后竟双双向公主道歉。

"如果你要怪，就怪我们，你要恨，就恨我们，不要再伤害自己了！"

末了，父母异口同声地说。

在心理咨询中，公主说：

"和父母坦诚交流后，我心里的恨意完全消除了。我以前想当然地以为，父母知道我的所思所想而故意忽略我，无视我的需要，为此，我曾经很恨他们，这种恨助长了'恶魔'的嚣张。为了抵挡内心的恨，我便用罪疚来压制，罪疚又助长了'莫兹女妖'的跋扈。从罪疚到自我否定、自我贬损，我从不敢直面愤怒。现在我知道，对人表达愤怒不是一件可耻的事，对父母有愤怒也不是一件大逆不道的事情。现在，我不再纠结父母哪些做对了，哪些做错了，无论他们做过什么，我都接受他们是我的父母，也接受我是他们的女儿的事实。接受是很有力量的词语，让我能勇敢前行。"

伏丽西说：

"是的，愤怒是人的本能，表达愤怒，是在启动我们的自我保护机制，让我们体会到内在力量和掌控感。虽然，我们都或多或少对父母的某些做法很愤怒，但是我们知道，我们无法选择父母，他们也无法选择命运。我们无法做到立即爱他们，因为我们也缺少爱的能力。但是我们可以选择一种平和的方式与他们相处，重新认识他们。毕竟，父母从青年到中年，再到老年，他们也会有很多反思，有很多变化。最重要的是，从今天开始，无论未来发生什么事情，你都有选择的权利，你都可以选择无条件地接纳你自己。"

公主认可地点点头,无论过去发生过什么,无论未来会发生什么,她永远拥有选择权。

魔法心理小课堂

反刍思维

反刍思维也称反刍式思考,指经历了负性事件后,个体对事件、消极情绪状态及其可能产生的原因和后果进行反复、被动的思考。反刍思维作为一种认知过程,对情绪有重要的影响,会导致人被动、重复地沉浸在负性情绪中,专注于抑郁症状及其意义,是一种无意识过程。

第十四章
森林小学

> 曾经,那些你以为自己永远战胜不了的困难,永远跨越不过的障碍,其实源自你内心的自我封闭。你把自己封闭在一个黑暗的身体里,封闭在一片荒漠里,封闭在一片荆棘中。你的一次次突围,如破茧重生的蝶,飞向远方,飞向那无拘无束的自在之地。这里,你有发自内心的笑。

一日又一日,心理诊所人来人往,声称自己得了抑郁症需要接受心理咨询的居民越来越少,主动提出要接受心理咨询疏导情绪,解决人际关系、工作压力问题的居民越来越多。

蓝精灵小妹、松鼠小弟、骡子伯伯都先后达成了咨询目标,他们给伏丽西送去自己亲手制作的礼物以表谢意,自此转身,迈入全新的生活。

心理咨询师与来访者之间,最终不过是,道一声各自安好，然后各自远去，往后余生，相见也好，不见也罢，心里永远都有对方的席位。

1. 打败女妖

> **心理医生语录**
>
> 记录每天的活动计划，从每天的活动计划中发现自己身上积极的一面。

在后来的一次心理咨询中，公主说，接受父母是自己的父母，接受自己是父母的女儿，这么简单的道理，自己却纠结了一个世纪！但是，冲破执念却是一夜之间的事。现在，她发自内心地接受了父母，进而也接受了自己。她发现，如果人生是几道选择题，那么，最重要的那道题一定是：历经沧桑磨难，我是否还有能力选择爱我自己？

公主的答案是：有！有选择，就有能力！

一声"有"，像是在老皇历上扯下一页，像是给历经的千山万水留下一叶扁舟的背影！那些仇恨、愤怒和抱怨，对父母和对自己的，从以前的不敢直面到当下的放下释然。

在另一次心理咨询中，公主又谈到"小小"和"莫兹女妖"。她一想到三岁时莫兹女妖就出现在自己的生活中就怒气冲天。她还有一个心结——莫兹女妖。

这段时日，公主的进步在于，她很清楚，莫兹女妖不在外，而在内，在自己心里。正因为自己在很小的时候被成人世界植入了一个子人格"莫兹女妖"，她才会对他人的挑剔、指责过分敏感，看谁都是莫兹女妖！

伏丽西问她：

"哪个小人最恨莫兹女妖？"

公主说：

"小小。"

公主感觉，小小就在她肚子里，周身被一圈暗红的火焰包裹着，气鼓鼓地盯着莫兹女妖看，她觉得肚子热乎乎的，像胀了一团气，一团憋了好多年的怨气，这是小小的怨气。

然后，在伏丽西的鼓励下，小小把周身火焰全包在嘴里，猛地张嘴，对准女妖，将火通通喷出，大喝一声：

"走开！"

一声"走开"，似从地幔深处崩裂而出，地动山摇。

女妖惊恐地四处逃窜，却是逃无可逃，四周燃起的熊熊烈焰，似要烧光整片森林、整个世界。

女妖，就这样消失在火海。

过了许久，火焰渐渐熄灭。

小小身上的火焰也慢慢褪去，她从那个隐秘的角落走出来，伸了个懒腰，外面的世界，一片苍翠。

她走出屋子，来到一块松软的草地上，倒地就睡。

小小睡觉时，阿芙琳、小精灵、阿怪都站在她旁边，那棵原先孱弱现今枝繁叶茂的树，也直直地立在草地中央。

"我觉得心跳加快，心脏快跳出喉咙了，上气不接下气，不是紧张，是兴奋，非常兴奋，小小充满了勇气和力量，我也是！"

接下来的几天，公主说，自己的心态又比原先积极了好多，身体不沉不乏，每天思想活跃，每天都想运动，脑子里的杂念少了很多，也几乎听不到来自莫兹女妖的贬损性话语了。

在又一次的心理咨询中，伏丽西让公主记录每天的活动计划，从每天的活动计划中发现自己身上积极的一面。比如，"今天做了什么事情,说明我是一个有某项积极品质的人",这样的记录会让公主每天在睡觉前总结一天时,都觉得这一天是充实的,有成就感,精神富足。

公主在记录里写道:

> 今天起了个大早,不负光阴,我是一个自律的人;
> 今天看了一本心理学书籍,受益匪浅,我是一个上进的人;
> 今天帮了骡子伯伯一个小忙,我是一个乐于助人的人……

这样一些琐碎的小事,每天都在发生。不留意的话,这些小事就如一个个失落的音符从键盘间滑走了,如果每天都记录下来,就是在用时间的手弹奏一首动听的曲子。

日子一天天过去,公主的身体也在一天天变化,从 10 岁,15 岁,20 岁,23 岁,26 岁,28 岁,然后在 28 岁重新生长。

2. 横穿荒漠

> **心理医生语录**
>
> 当你征服恐惧后,你就驯服了恐惧,驯服了人生的恶魔。

在又一次的咨询中,公主说,她被森林居民推举为森林小学的老师。

伏丽西由衷为她开心。

公主说完后却皱起了眉头。

公主说，这些天，她每天都失眠，很焦虑，担心自己不能胜任这份工作。虽然所有森林居民都说，红城堡学院，那可是世界上最好的大学，你从这么好的大学毕业，一定能教好我们的孩子。话是这样说，公主内心却在打鼓，她感觉内心深处仍有很多不自信，她不相信自己能胜任。

她说：

"我明明知道，我需要更多地与人接触，这么长的时间里，我认识了很多猎人，还认识了一些精灵，认识了森林居民的孩子们，但是，一想到当了老师后，我会频繁地和他们交往，我就想逃。"

公主内心的矛盾是，既向往更亲近的人际关系，又害怕更亲近的人际关系。

"是哪个小人觉得不自信，哪个小人想逃避？"

伏丽西问。

"是阿怪！"

公主斩钉截铁地答道。

在公主的内心，阿怪一直是一个孤独不合群的灵魂。他脱身于恶魔，天生自卑，小精灵当他是孪生弟弟，他却感觉和小精灵隔了十万八千里的距离。阿芙琳是一个积极主动自带光环的人，阿怪对阿芙琳有种莫名的亲近感。

伏丽西让公主想象一个场景：阿怪走进森林小学，要开始他的第一份职业生涯。

在想象中，公主眼前浮现出一个黄沙漫天的荒漠，阳光穿不透被灰霾裹挟的云层，只在沙粒上折射出惨淡的光。似乎，面前并不是绿荫环绕、充满孩子欢声笑语的小学，而是一片不知道终

219

点的孤寂之旅。

伏丽西让公主将小精灵、小小和阿芙琳都带入想象。公主看到，阿芙琳拉着阿怪，小小跟在阿怪后面，三个人保持一定距离，在沙堆里深一脚浅一脚地艰难跋涉。

突然，狂风大作，沙粒吹进三人的眼睛，只听"嗖"的一声，阿怪消失了。原来，恶魔陡然出现，抓住了阿怪，它恶狠狠地威胁阿怪，说阿怪不服管背叛了它，它要用地狱里最严酷的刑罚来惩罚阿怪。恶魔发出狮子一样的咆哮，然后便露出獠牙，将阿怪一口吞下！

"啊！"

公主吓得从想象中猛醒过来。

她拼命摇头，一口一个"我不行"，她对人际关系的向往和恐惧，在这一想象情境中完全暴露了出来。

伏丽西要求公主重新进入想象。

心理咨询中最难克服的关卡都越过了，眼下的恐惧，再咬咬牙，一定能克服。

在伏丽西的鼓励下，公主再次闭上眼睛进入想象。

这一次，恶魔现身的一刹那，有一个人冲了上去。一开始，公主以为是最勇敢的阿芙琳，仔细一看，并不是，而是伏丽西。伏丽西手握月光宝剑，直直飞向恶魔。宝剑刺入恶魔身体，它立刻化身为一只小小的黑鸟，扑腾着翅膀飞到阿怪肩膀上，停住了。

阿芙琳和小小都想谢谢她救了阿怪，伏丽西连忙摆手。伏丽西说，你们要感谢你们自己，是阿怪的勇敢无惧救了他自己，是你们的坚持和永不言弃救了阿怪。

说完，伏丽西消失了。

那只由恶魔变成的小黑鸟，此刻像个温顺的宠物，正歪着脑袋好奇地打量阿怪的毛发。小黑鸟时而啄啄他的毛发，时而用翅膀蹭蹭他的脸。

这时，阳光从灰霾里探出头来，一道金光射向地面，荒漠尽头，出现了一座大门，上面赫然写着"森林小学"几个字。

阿芙琳左手拉着小小，右手拉着阿怪，三个人飞奔向前。大门闪闪发光，三人推开门后，停住了脚步。

阿芙琳对阿怪说：

"以后，路只有你自己走了，这是你的选择！"

小小说：

"是的，你需要自己走进去，当你需要我们时，我们会立即出现的，但是，现在，只能由你自己踏进这扇门。"

阿怪点点头，他耸耸肩膀，小黑鸟会意了，张开翅膀离开阿怪，飞到小小的肩膀上，小小先是被惊了一跳，随之就镇定下来，她摸摸小黑鸟的头羽，说：

"你好，新朋友，今后，我们会每天见面，你要乖乖的哦！"

当你征服恐惧后，你就驯服了恐惧，成了恐惧的主人，你也因此驯服了人生的恶魔。

在好朋友的注视下，阿怪走进森林小学的大门，头也不回，脚步坚定，门在他背后关上了。

荒漠变成了绿色，一道道绿洲从地平线缓缓现身……

公主睁开眼，缓了口气，说：

"这是我人生新的开始，我充满期待，其实，我真正害怕的是新环境，是他人的目光，是他人对我的评判，从今天开始，阿怪能做的事情，我也能做。"

咨询结束时，公主做了一个决定，她决定第二天就回复森林居民，她要留在森林小学任教，做孩子们的老师。

伏丽西的咨询作业是，请公主每天闭眼观察心中的"阿怪",记录"阿怪"的变化。

3. 巨 蟒

> **心理医生语录**
>
> 坦诚、勇气,只有在真实的人际交往中,你才能真真切切地体会到。

春暖花开,魔法森林的春天来了。

一度肆虐的"抑郁症病毒"销声匿迹,无人再谈论它,就像它从来没在魔法森林里传播过一样。

是的,"抑郁症病毒"从来没有存在过,比病毒可怕一百倍的,是观念。

大河两岸,繁花似锦。踏春出游的森林居民接踵而至。猎人区和居民区不再泾渭分明,居民们会常常蹿到对方的区域,稀奇地摸摸这儿,瞧瞧那儿,蹦蹦跳跳地和新朋友打招呼,再相邀去荡舟、捞水草、投掷松果。

来心理诊所挂红牌号的居民越来越少,大家都挂黄牌号,声称并未感染病毒,而是有些情绪堵得慌,有些重要的人际关系急需处理,有些压力急需调适,希望得到伏丽西的帮助。

公主按照约定时间,到森林小学上班。

第一天上班,她鼓起勇气和第一次见面的大象校长打了招呼,询问了上课事宜。自从森林居民纷纷去找伏丽西看病,世代行医的大象家族里,就出现了几个关心孩子教育的大象先生,森林小学的成立,也是由大象先生发起的。学校里,除公主外,其他老师都是素来以智慧、优雅著称的大象先生们。

大象校长带公主去见了其他同事。面对这么多陌生人，想到未来要和他们共事，公主既兴奋又紧张，她能清晰地看到内心的"阿怪"：阿怪在她身体里一会儿双手掩面，一会儿急得乱跳，一会儿又原地转几个圈，做个鬼脸，一会儿又想就地逃窜，一会儿又和公主躲起猫猫。公主要做的，不是上前追阿怪，强行把他扭送回来，而是想尽一切办法让阿怪冷静下来。

依照伏丽西的指导，工作之余，她找了个空档溜出来，静下心来和阿怪对话，和阿怪并肩作战：她一遍一遍地鼓励阿怪，阿怪虽然一次次被恶魔抓去，但自己和阿怪并肩作战，战胜了恶魔，驯服了恶魔，恶魔又一次次变回了小黑鸟。

渐渐地，公主和陌生人交流越来越顺利了。从上班第一天到第五天，她每天在人际关系上都有突破，她可以越来越坦然地和同事说话、回答问题，不再想着怎么把自己藏起来做个小透明，不再想着如何掩饰自己的短处，也不再担心同事在背后议论自己。

几天下来，再与阿怪对话时，公主惊喜地发现：阿怪长高了，年龄变大了，有十七八岁。外形也有了很大改观，身上的黑毛脱落了大半，手臂上长出了鼓鼓的肌肉。他走路时抬头挺胸，露出开心的表情，眼里多了几分神采，全身都充满了能量，青灰色的皮肤一点点变白，只依稀留下些淡黑色斑点。

上班第六天，公主又来接受心理咨询。

总体来说，她对自己这几天的表现颇为满意，她说：

"我一直想拥有一些好的品质，比如坦诚、勇气，我现在相信，只有在真实的人际交往中，我才能真真切切地体会到这些好品质，从而培养出这些好品质。"

伏丽西点点头，她问公主此次咨询想解决的问题是什么。

公主说：

"我觉得，还有一些事情，我应该做得更好。"

伏丽西问：

"应该做得更好，但现在还没有做到，这句话是哪个小人说的？"

公主想了想，说：

"似乎是小精灵说的。"

公主闭上眼，开始描述此时此刻的"小精灵"。

小精灵长了一对白色的翅膀，翅膀很大，手里握了一件武器，是月光宝剑，她年龄也变大了，二十出头，面庞清秀，秀美的长发如山涧的一道水帘。

小精灵对阿怪说：

"你应该主动和别人交流哦！"

阿怪回答。

"但是这一周，我做得很棒啦！"

小精灵想了想，说：

"你应该让自己更开心一点，不要随时紧绷，不要勉为其难，说违心的话。"

阿怪继续为自己申辩。

"这一周，我很开心，我觉得我大多数的表达都心口一致。"

小精灵将阿怪打量了一番，露出刮目相看的神色，说：

"你做得确实很好了，但是你应该更自信一点，你要相信，同事们都喜欢你！"

阿怪嘟嘟嘴，承认自己在这一点上还有进步的空间。

小精灵继续说：

"你应该主动和大象校长接近，让他多了解你，多展示你自己的能力。"

阿怪摇摇头，这个要求似乎离他的目标还比较远，他有畏难情绪，于是，他开始和小精灵讨价还价。阿怪说：

"要不我先从主动和校长问好开始,这些天,都是大象向我问好,想到要主动向他问好,我心里仍怯怯的,怕惹上巴结领导的嫌疑。"

小精灵哈哈大笑:

"面对权威,我们多少都有敬畏,因为权威代表着你对父母的矛盾情感,如果你想在人际关系上有更多的突破,一定要跨越对权威的恐惧,就像你曾经跨越了那道金光闪闪的门,只要一抬脚,并不那么难。所以,现在,你愿意主动向大象校长问好,自此会开启你新的征程!"

话音刚落,小精灵就把月光宝剑投掷到阿怪手里。

阿怪眼前,出现一大片荆棘,荆棘挥舞着刺头,像无数条扭动身躯的巨蟒,正晃动蛇头,吐着血红的信子朝阿怪匍匐而来。阿怪正想逃,小精灵在他背心推了一掌,大叫:

"人生,只有前进,没有回头路!举起你的宝剑,挥舞吧!"

阿怪闭上眼睛,手里紧紧握住月光宝剑,他大叫着在空中胡乱挥舞。

"睁开眼,睁开眼,看看你如何战胜恐惧!"

小精灵大叫。

阿怪猛地睁开眼,一条巨大的红花巨蟒已凑近他,离他鼻尖只有一厘米距离。阿怪额头渗出豆大汗珠,但他仍然瞪大双眼,死死盯住巨蟒的眼睛。

"1,2,3,4……20!"

小精灵在旁边数数,足足数了20下,前20秒就是胜败的关键。

阿怪稳稳立在原地,如同一株把根深深扎进泥土的树。

20秒之后,他的个子长高了,肩膀变宽,胸膛和后背变得厚实起来,身上的肌肉线条分明,他现在至少有25岁,是一位

225

壮硕的青年人!

巨蟒从他眼前消失了。空中,掉下一块块碎裂的蛇皮,眼前,仍然是那片荆棘林。

因为阿怪变高的缘故,荆棘林看上去很矮,阿怪一边前进,一边用宝剑将荆棘一片片悉数砍倒。

这片荆棘林,现在已变作一条宽广大道,密林深处,流水潺潺。

公主睁开眼。

现在,她的面容和身段稳定在 26 岁。一头俊秀的黑发齐齐披在肩上,她穿着朴素的碎花小裙、白色运动鞋,眼波流转,全身散发着青春的气息。她说:

"很奇怪,就在刚才,我能主动向大象校长问好了,他是一位亲切的长者,文质彬彬,谈吐温和,我想象中的良师益友就是他那样的。想到他,我不仅不紧张,反而觉得很庆幸,庆幸我能与他共事。我相信,从明天开始,我见他不仅不会紧张,还会主动和他聊些工作中的事情,这样一来,我在人际关系上就会更自信了。"

伏丽西给公主布置了新的咨询作业:

遇到困难,你的感觉类似阿怪遇见巨蟒。从今天开始,哪些困难像巨蟒?你又会怎样对付巨蟒?记住,伤害你的永远不是困难本身,而是你对困难的灾难化想象。

4. 阿怪,别了!

心理医生语录

曾经,那些你以为自己永远战胜不了的困难、

永远跨越不过的障碍,其实源自你内心的自我封闭。

河畔垂柳发出新枝,脆绿的柳条和轻漾的波纹奏响春天华丽的乐章,吸引了远道而来的布谷鸟三五成群地在枝头喧闹。

公主的心理咨询一直在继续,从一周两次,改为一周一次,她的状态平稳,精神越来越好。她每天都认真完成伏丽西布置的咨询作业,想象阿怪面对蟒蛇的画面。

阿怪每一次面对荆棘林,想到藏在里面的蟒蛇,他既害怕又期待,之后,害怕转成兴奋,他就想看看,这些蟒蛇到底会和他耗多久。一次又一次,荆棘的刺依然尖锐,荆棘的枝条依然如蛇一般难缠,但是,蟒蛇的身形越变越小。

作为新老师,站上讲台上课,是公主要克服的第一道难关。第一次上讲台前,公主紧张得手心冒汗,她跑出教室,抽了点时间去看阿怪:荆棘林前,阿怪手里一直紧握的月光宝剑凭空消失,他手里空空,却要硬起头皮斩蛇除蟒。荆棘林里跳出了几条小蟒,没有武器怎么办?这时,小精灵从阿怪背后跳出来,递给阿怪一根小树丫。阿怪握住树丫,朝小蟒瞪大眼睛,小蟒陡然消失。这时,阿怪身上的黑毛悉数脱落,皮肤上的浅黑斑点也越变越小。

公主深吸一口气,睁开眼睛,重新走进教室,开始了她的"人生第一讲"。

在心理咨询中,公主恋恋不舍地说,她当老师的第七天,大象校长带领其他老师来旁听她的课,就在这一天,阿怪消失了。

上课前,公主照例先和心中的阿怪对话,阿怪也在看她,这是她最后一次见到阿怪。阿怪站在荆棘林里,等了许久,日头快暗了,都没见着半点蟒蛇的踪迹。他大方地抬起脚,发现,荆棘林已变成荆棘丛，日头给晒了一天，一踩下去就化成一堆草灰，下面是一小层碎石粒，再一踩，石粒就碎了。阿怪抬起头，蓝天白云，天空无遮无挡，他伸伸手臂，怀揣壮士断腕的决心踏向前方。

下课铃声响了，孩子们齐声起立，大象校长带头为公主鼓掌，这一刻，她看到阿怪向她投来最后一瞥，嘴角露出痞痞的坏笑，又向她竖了竖大拇指，便头也不回地走了。他越走越远，走向天边，身影消失成一个黑点。

随之消失的，还有公主对人际关系的最后一丝畏惧。

阿怪消失后，恶魔和莫兹女妖都不再出现，困扰公主多年的躯体疼痛也奇迹般地消失了。

至于小小，她已经长成一个15岁的女孩，和20岁的阿芙琳成为最好的朋友，她们整天在树下玩耍。

小精灵偶尔会在公主读书时飞出来，舞动白色的翅膀对公主说几句悄悄话。

在又一次的心理咨询中，公主说：

"直到现在，我才真正知道，发自内心的笑是怎样的！不需要讨好任何人，不需要顾忌他人看你的表情，你开心了就笑。"

曾经，那些你以为自己永远战胜不了的困难，永远跨越不过的障碍，其实源自你内心的自我封闭，你把自己封闭在一个黑暗的身体里，封闭在一片荒漠里，封闭在一片荆棘林里，你的一次次突围，如破茧重生的蝶，飞向远方，飞向那无拘无束的自在之地。这里，有你发自内心的笑。

5. 初夏的荷

> **心理医生语录**
>
> 每天都是新的一天，每天都是新生，每次心理咨询都能让你重新走完一生。若没有幸福的童年，更要从今天开始，选择一种让自己酣畅淋漓的活法，把童年丢失的幸福加倍找回来。

大河里，开出第一朵初夏的荷，身姿挺拔秀美，粉红的花瓣如羞赧的少女，它摇曳细长的颈项，把第一缕芬芳吐向人间。

这朵初夏的荷，吸引了所有的魔法森林居民，他们每日在河岸流连忘返，发出啧啧赞叹：

"这么美的花，估计一千年来都没有见过！"

现在的公主，是一位快乐的小学老师。用她自己的话说，她每天都能感受到身体焕发出的青春活力。那活力，每天在她内心咕噜咕噜冒气泡，炙热滚烫，如从火山岩里淌出的热海温泉，如酝酿了千年的女儿红在火炉上炙烤，如万千小虫在春泥里蠢蠢欲动，和着一股原始的力量与馨香。

公主和青年猎人已成了好朋友，两人无话不谈。森林小学的大象老师们都打趣公主，说公主和猎人郎才女貌，天生一对。

听到这话，公主内心升起淡淡的悲伤。

虽然，她对异性的恐惧已经消失了，但是，作为一个"母胎单身"，她从未跨入恋爱门槛。她不敢爱，她怕失去，怕步父母的后尘。

她期待属于自己的爱情，又害怕爱情。

这天傍晚，夕阳的余晖映照在公主的脸上，她和青年猎人并排走在返回空心树的路上。公主只觉脸上滚烫，便抬手挡住阳光。从指缝里，她窥见青年猎人的脸，此刻，他正在看她。突然，猎人说：

"我想进一步了解你，也许，我们不仅仅只当好朋友！"

话音刚落，公主就如小兔一般，奔回空心树。

晚上，公主彻夜难眠。第二天醒来，灰兔夫人没了踪影，公主心里那个一度羞耻胆怯的子人格小小也消失了，或者说，小小女大十八变，换了一副模样出现在公主心里，那是一个端庄秀丽的女老师，坐在草地上娴静地品茶。

一大早，公主来到心理诊所，咨询还未开始，公主就着急地大叫：

"灰兔夫人走了，就在昨天！它一定找到了离开魔法森林的路。"

现在，两个在空心树里陪伴公主多日的好朋友，来自湖泊小镇的阿芙琳和灰兔夫人都相继失踪。

这咄咄怪事令人费解，苦思冥想无果，公主只得说：

"祝福她们吧，虽然她们不告而别，但是我永远记得她们对我的帮助，不是她们，我怎么会来看心理医生呢？"

公主说，自己的精神状态一天比一天好。先前，她一直相信某些心理学书籍里的言论，说一个人若没有幸福的童年，便不可能有快乐的成年，现在，公主可以很有底气地说，这些人要不就没有遇见适合自己的心理咨询师，要不就一直活在自怨自艾、自我怜悯的情绪里。每天都是新的一天，每天都是新生，每次心理咨询都能让你重新走完一生。若没有幸福的童年，更要从今天开始，选择一种让自己酣畅淋漓的活法，把童年丢失的幸福加倍找回来。

公主说:

"我现在每天都活力满满,每天都能感受到发自内心的快乐,过去的一切挫折,都在给我每一个今天铺路。每个今天,都在通往一条叫'未来'的道路,一条理解了生命真相,仍能勇敢生活的道路。"

但是,咨询又回到了起点。或者说,绕了一个大圈,在起点的地方升起一个螺旋形的扶梯,站在扶梯上,她能一眼望到底。

咨询的起初,她想解决的是,面对猎人的恐惧与紧张,现在,却是面对爱情的恐惧与紧张。

6. 试 验

> **心理医生语录**
>
> 你不是不相信爱,而是害怕在爱中受到伤害,害怕你的婚姻和父母一样。

从第一天见到公主,青年猎人就从她怪异的黑羽间看到她藏在内里的模样,他看到,一个美丽的精灵胆怯地躲在黑羽衣里,躲在一个自我保护的虚假躯壳里。心理医生看到她病态的呼救——怪鸟,青年猎人却看到她真实的渴望——精灵。只是,这个美丽的精灵是如此的自卑,现在,她正在一点点树立自信,中间到底发生了什么,猎人不知道,他很想知道,他渴望进一步了解她。

青年猎人那番话,是个女孩都能听懂,他对公主有好感,从眼神也能读出。

公主说:

"现在，我的问题是，我不相信爱，我担心如果猎人爱上了我，会有很多不良后果。他会不会现在爱我以后不爱我？会不会始乱终弃？会不会在一些事情上控制我，我们会不会吵架、打架、闹矛盾？"

父母不幸的婚姻让公主自小就对结婚不抱信心，时而，她想象自己就是一个穿婚纱的公主，有王子骑白马来迎亲；时而，她觉得这一切童话都是欺骗孩子的把戏，让她们乖，让她们听话，当父母的小棉袄，许诺会有王子来娶。其实，就是以爱的名义控制孩子的人生剧本。

公主坦言，她敢于直视内心的渴望，她渴望被理解，被懂得，被爱。她对青年猎人也有不可遏制的好感，一度，她以为自己跌入了爱河，便主动疏远了猎人。过了几天，猎人又频频找她，她于心不忍，又强压内心的焦灼和渴望，勉为其难地和猎人聊些朋友之间的话题。

公主说：

"我一直在怀疑他，我一直在想，他为什么接近我？他的用心如何？他是不是一个好人？我有什么吸引力，会吸引到他这么好的青年？"

这种凭空而来的怀疑与猜测让公主苦恼，理性上，她知道，青年猎人在魔法森林有着好名声，认识他的人都喜爱他；理性上，她也知道，猎人欣赏她那与众不同的内在精神世界，欣赏她的善解人意，欣赏她的气度与才华，欣赏她略带忧郁的书香气质。

但是，她控制不住地一而再再而三地怀疑猎人的用心，让她对自己又产生了一丝厌恶。

她说：

"我这可恶的猜疑，对这位年轻人太不公平了，但是我控制不住要猜测他!"

伏丽西说:

"你总是在怀疑猎人的用心,觉得他不是好人,会伤害到你,是吗?其实,从你的表述中,我听到的是,你不是不相信爱,而是害怕在爱中受到伤害,害怕你的婚姻和父母一样。是吗?"

公主说:

"是的,我该怎么办?我越是和他靠近,这种猜测就越多,昨天,他向我表白后,各种恶意的猜测上升到极点,我失眠了,一直在想怎么和他断绝关系。但是,又觉得这样做对他太不公平,他是一个那么好的人,亲切、温暖,是我的好朋友!"

公主急得快落泪了。

她的黑发高高地扎成一个马尾,两串明艳的祖母绿耳钉衬得下巴更加瘦削,她系一条湖蓝色丝巾,连衣裙上绣了十几只翩翩起舞的黄蝴蝶。

伏丽西说:

"如果你想检验他是否是个好男人,是否能一如既往地爱你,不妨告诉他关于你的全部故事,比如,你在接受心理咨询,咨询前后你的状态对比、你的咨询经过、你的家庭、你的成长、你现在对他的猜测、你对爱情的向往和恐惧……"

"啊!"

公主惊呼,张大嘴巴,用质疑的眼光看向伏丽西,似乎在说:怎么可能,这样一来,他还会喜欢我吗?

"我明白了,你在担心,他了解到你的全部,包括那些令你痛苦和羞耻的往事,会嫌弃你,不喜欢你,是吗?你不是想和他断绝关系了吗?要不,在断绝关系前,拿他做个试验,如果他了解到你的全部,仍理解你、接纳你、喜欢你,那我可以拍着胸脯告诉你,他对你是真爱。如果他转身就走了,你也没损失呀!这是你战胜恐惧的最后一步。我相信,很多事情,你只在心斋里对我讲过,只对你内心的那些小人讲过,还没有对任何一个现实中的人讲过吧!现在,是你成长的最后一步,你做好准备了吗?"

公主迟疑了半天,脸上红一阵白一阵,她时而看看窗,时而用手指绞动长裙腰带,叹了口气,无可奈何地看向伏丽西,说:"你让我怎么回答呢?我已经信了你一百次,你没有让我失望过,这一百零一次,你说是我成长的最后一步,我不想做,也只得去做呀!如果他真的弃我而去,我也就安心了,不用这样每天猜疑、自我折磨了。"

伏丽西笑笑,恍惚间,她也去到了那枝繁叶茂的森林,青年猎人正向她大步走来。

7. 新访客

> **心理医生语录**
>
> 作为一名心理咨询师,最大的幸福便是,见证一只自卑的小虫最终破茧重生,长成一只美丽光艳的大蝴蝶……

时光荏苒,公主已经有一段时间没来咨询了。她近况如何?和青年猎人的关系如何?在森林小学工作得是否顺利开心。

每每想到公主,伏丽西心里都浮起一种幸福感。作为一名心理咨询师,最大的幸福便是,见证一只自卑的小虫子最终破茧重生,长成一只美丽光艳的大蝴蝶;见证一粒种子埋在地下悄无声息了近千年,突然偷到阳光和空气,长成参天大树;见证一座愤怒了亿万年的火山，突然不再崩裂山石，不再惊动上天、撼动大地，不再喷涌苦辣岩浆，而是渗出用之不竭的温泉；见证一个怯怯的小女孩最终成长为独立自强的新女性！

这时，门铃响了，一声，两声，考拉小姐都没去开门，可能又在贪睡。伏丽西从心斋走出，轻风拂动她的蝉翼服，她圆润的脸庞如中秋的月亮，祖母绿的眸子闪烁着大熊星般的光芒，她走到门口，打开门。

门外，站着一位英俊的青年，脸部线条棱角分明，深邃的眼睛里浮动着夏日河面的波影。他一身猎人装束，皮衣裹住他宽厚的胸膛，腰间系了很多个穗子。

他嘴角有一圈淡黑的绒毛，声音如初夏的风，温暖宜人，他说：

"公主，谢谢你为我开门！"

伏丽西被震住了，不是声音，是他的"称谓"——公主？伏丽西正想说公主已经好久没来了，又突然意识到什么地方不对劲。

再一抬头，青年消失了。外面是一束束红艳艳的光，光束渐渐汇集成团，光团渐渐汇集成海，心理诊所沐浴在一片红光的海洋里。光，从屋檐的缝隙，从窗棂，从墙砖渗进来，一点点将她包围。

伏丽西一阵惊慌，却并不恐惧，对这一天的到来，冥冥之中，她似乎有一点预感，这一幕，那么熟悉。

再一回头，满屋都开出了夏日的荷，饱满，绯红，荷瓣一点点绽放。

魔法心理小课堂

存在主义心理治疗

存在主义心理治疗是在存在主义哲学思潮的基础上创立的一套治疗理论，强调人在困难处境中能通过有意识地选择创造有意义的人生，因此人人都要对自己选择的负责。在治疗中，一方面重视来访者的现实处境，协助其面对现实解决问题；另一方面重视来访者的主观经验，协助其重振自由意志以解决问题。

第十五章
尾　声

> 自此之后，魔法森林里的"抑郁症病毒"彻底消失了，就连这座号称"只进不出"的魔法森林，也向外面的世界敞开了大门，游人络绎不绝。

魔法森林恢复了旧日的安宁。

一天天，一年年，平淡如水的日子，如一件挂在衣橱内朴实无华的旧衣，有姥姥和妈妈的温润体香，却是多少人终其一生都触不到的幸福。

1. 心理医生伏丽西

❀ 心理医生语录

只有对人类的精神苦难有过切肤之痛，才能有

在寒冬扛起苦难闸门的勇气，放希望的春潮给世人。

地下室，伏丽西缓缓睁开眼，一束紫色的幸运花在瓶里明艳地绽放。

昨晚，她梦到一只怪鸟，怪鸟在诊所上空盘旋转圈，始终不肯落下。怪鸟身形巨大，羽毛乌黑杂乱，发出含糊不清的叫声。印象最深的是，这怪叫不是发自它尖尖的嘴，不是发自它哑掉的喉咙，而是发自它那两颗没有眼珠的黑眼睛。今早醒来，一睁眼，伏丽西马上找来钢笔，蘸着紫色指甲花汁在银杏叶编成的本子上记录这个梦：

> 弗洛伊德说，梦是人潜意识的泄露，梦是人未完成愿望的象征性表达。荣格说，梦是人类集体无意识的象征表达。我昨晚梦到一只怪鸟，是在表达……

写到这里，心理医生伏丽西疑惑了，似乎弗洛伊德和荣格的书里都没讲到这种怪鸟，她该如何理解这个梦呢？

> 书上说，比起理论，咨询师更要相信直觉，如果理解不了梦，先回想梦中的场景，想象自己重新走进梦境，根据梦的细节进行自由联想。

伏丽西自言自语道。

随之，她闭上眼睛，开始自由联想，她深深地吸了口气，缓缓进入梦境。在梦境里，那只怪鸟的身影越来越模糊，随之，变成一团浑浊的黑色气体。伏丽西体验到一种强烈的悲伤。这种悲伤如钱塘江春潮在她血管里鼓动，一起一伏，时强时弱，如果她再往前走一小步，就会被看似平缓的潮水吞没。是的，如果再深入体验一点点，伏丽西就会被这看似平缓的悲伤吞没。她眼前蹦出两个词："病毒"和"莫兹女妖"。伏丽西身体一颤，随之，跌入更深的梦境。

在梦里，来了两个外来客，阿芙琳和灰兔夫人，报告伏丽西说，一只怪鸟遇到大麻烦，每天想着轻生。伏丽西和这两位客人商量出一个帮助怪鸟的策略，怪鸟果然主动来寻求心理咨询了。怪鸟本名"月亮公主"，她自己取名叫"公主怨"，意思是一位"终日怨恨人间的公主"。经过多次心理咨询，公主的抑郁症痊愈了，在森林小学里当起了老师，还收获了青年猎人的爱情……

这个梦好长好长，长到伏丽西不愿意醒来，她从未和任何一个来访者建立过如此亲密的咨访关系。在心理咨询中，伏丽西几度化身成公主，她能感受到公主所有的悲喜，她能与公主所有的灵魂碎片共舞，她能和公主一起到火山底探幽，她能和公主一起组合那纷乱的成长拼图，她能和公主一起整合那支离破碎的心灵。

七个子人格，七颗独一无二的心灵，整合到一起，是一朵世界上最美、最独特的花儿般的灵魂。

这个梦好短好短，伏丽西看看鲜花时钟，仅仅过了半个小时，而她，似乎在公主的内心世界里穿越了好多好多年。

伏丽西是魔法森林里唯一的心理医生，之所以成为心理医生，不是因为她是精灵，更不是因为她是仙女，而是源于她那些从未向任一森林居民吐露过的往事。她一度在抑郁的沼泽地迷失，活下去的勇气一点点流失，希望的油灯一点点燃尽，四周都是黑暗的深渊，人生孤苦无依，环顾四周，无人可诉。

在无数个黑暗的日子里，她的厌世与自我憎恶感喷涌而出，生命成了一地死灰，只等最后那声天崩地裂，让愤怒的岩浆毁灭这世界所有的丑陋与不堪。

　　回想过去的种种，曾经，伏丽西自诩为魔法森林的捍卫者，她与莫兹女妖作战，将女妖驱逐出森林。但是，林中妖好除，心中妖难灭！女妖被驱逐的那一天，才是她与女妖较量的开始。

　　即使在现实中打败了一千次莫兹女妖，心里的女妖仍在虎视眈眈；即使成为魔法森林万众瞩目的天之骄女，心里的骄女仍在暗处呜咽！

　　多少年了，伏丽西一直在与女妖较量，与恶魔交锋，因小小羞耻，因阿怪自责，因自己是一位被囚禁于宫殿的公主而自我怨憎。

　　即便修炼成仙，仍要一生与心魔斗智斗勇！与其继续修仙升天，不如自此降地成医，让世间的心魔藏无可藏，躲无可躲。

　　那些不堪回首的往事，那些悲苦的童年回忆，那些父母间的指责和怨恨，那些在衣柜里的禁闭之夜，那些躲在隐秘角落的哭泣，那些发生在学校里的羞辱和霸凌，那些无处发泄的愤怒和恐惧，那些只能独自面壁的漫漫黑夜，那些与人交流的惊慌，那些面对森林猎人的恐惧，那些只能藏在"黑羽衣"里的孤苦……都在帮助她完成今天的新生。

　　多少年了，她一直通过为居民做心理咨询而试图进行自己的心理疗愈，但是，心里的伤，却总像裂开的地缝，里面黑黑的，她好多次试图进去，又在深缝边彷徨。

　　伏丽西站起来，走出阴暗的地下室。诊所的藤萝门前，考拉小姐正端出一盘烤饼，邀请伏丽西品尝。

　　冬雪正在融化，远远的天边，阳光正在奋力扑打羽翼，试图冲破阴霾，冲破如黑暗城堡般的乌云。

如果太阳是一只鸟，此刻，它一定是一只想破壳而出的鸟。

伏丽西望望天，此刻，她的父亲月亮王和母亲大熊星公主正在另一片天空里看着她吧！

她是月亮公主，她是仙女伏丽西，她是心理医生伏丽西，她是月亮王的女儿，她是大熊星公主的女儿。

只有对人类的精神苦难有过切肤之痛，才能有在寒冬扛起苦难闸门的勇气，放希望的春潮给世人。只有曾经在苦海里挣扎翻腾，几度沉沦，被光明的灯塔指引过，才能有在茫茫夜海做灯塔孤魂的使命，给世人点起明灯。

现在，那片天空不再是遥不可及的未来，而是一片伸手就能触到的当下，一个一念重生的当下。

她是魔法森林里的心理医生伏丽西，她是一个永远走在自我心理疗愈路上的心理咨询师，她会一生秉承她的使命。

"伏丽西医生，今天上午有两位来访者哦！"

考拉小姐扭动着肥厚的腰肢，手捧预约登记簿，晃晃悠悠地向她走来。

2. 阿芙琳

心理医生语录

黑森林，像是那困扰了她无数个日日夜夜的抑郁情绪，一旦进去，就被施了魔法，永远困在了里面，这是一座被称为"只进不出"的魔法森林。

阿芙琳，红城堡学院三年级学生。

她缓缓地睁开眼。

这几个月,她受抑郁情绪的困扰,几度出现轻生念头,在老师和同学的建议下,她来到"心鸽心理诊所"定期接受心理咨询。

这次,她接受的是催眠治疗。心理咨询师是一位笑呵呵的老教授,背靠墙坐着,浅绿色的墙面上,挂了一把猎枪模型,醒目的商标贴在枪托上,赫然印着"森林猎人"几个大字。

老教授60岁上下,姓葛,人称"鸽子大叔"。他秃顶,戴副黑框眼镜,穿一件褐色高领毛衣,毛衣左上方有一个大大的"考拉"标记。见阿芙琳睁开了眼,他便从咨询椅上站起来,缓缓走到她身边。

鸽子大叔说:

"阿芙琳同学,感觉怎么样?"

鸽子大叔亲切友好,富有磁性的浑厚嗓音像来自云端,催眠音乐还在书架上悠扬地响着。书架上,大象根雕格外显眼,旁边放了一册童话书,法国女作家贝阿特丽·白克的《月光宝剑》,一枚刻有"骡"字的兵棋卧在书上,一对蓝精灵布偶背靠书架挡板,斜斜立着,圆溜溜的眼睛朝阿芙琳投来惊奇的目光。

阿芙琳感觉自己并未完全清醒,她环顾四周,茶几上,一束紫色的幸运花在瓶里明艳地绽放,诊所刚进门的地方摆了个铁笼,一只灰兔正在安静地吃草。

记得第一次来心理诊所,阿芙琳就问过鸽子大叔:

"咦?这只灰兔是——"

鸽子大叔说:

"哈哈,它是我的宝贝哦!"

灰兔是鸽子大叔的萌宠,她有一双蓝绿色的眼珠,据说是稀有品种。

此次心理咨询,阿芙琳怀揣对父亲的怨恨走进诊所。头一天，她收到母亲的信，字里行间处处是母亲对父亲的血泪控诉。自父母离婚后，母亲和阿芙琳的对话永远都以这样的句式开头：你不知道那个人有多坏，他竟然这样对我们母女，要不是有了你，我才不会和他生活那么长的时间……

对父亲的恨，对母亲的愧疚，从阿芙琳记事起，这些情绪就如黑影一般无时无刻不跟随她，即使她考上湖泊中学，考上世界上最好的大学红城堡学院，仍摆脱不了那条黑影的跟随。

今天，阿芙琳一坐进心理诊所，便和以往一样，以控诉父亲开头，她控诉父亲对家庭不负责任，控诉父亲是个衣冠禽兽，控诉父亲毁了母亲的青春，控诉父亲毁了自己的童年，控诉父亲毁了她的青春期，控诉父亲害得她患上恋爱恐惧症，惧怕异性，无法像其他花季女孩一般正常交友、正常恋爱……鸽子大叔默不作声地听了几分钟，然后缓缓站起身，打开铁笼子，从里面抱出灰兔，抚抚它的长耳朵，像搂个婴儿一样，又坐回咨询椅。

鸽子大叔说：

"你看看这只灰兔的眼睛，看着它的眼睛，你会很放松，很平静，你会暂时忘记一切。"

阿芙琳看向灰兔的眼睛，灰兔有一双蓝绿色的眼珠，阿芙琳第一次见到长这种眼珠的灰兔，这奇异的眼珠似乎有一股魔力，确实让她瞬间安静下来。很快，她出现幻觉，灰兔站了起来，挥舞两只前爪，左右晃动腰肢，呀！她的眼珠里持续吐出蓝绿色的光晕，它被光晕笼罩，看起来竟像穿了一条蓝绿格子的裙子……

之后，鸽子大叔又开始说话，似乎在发出一些指令，阿芙琳努力想让自己清醒过来，意识却不受控制地变得模糊。恍恍惚惚间，她看到一只穿蓝绿格子裙的灰兔正在前面跑，一直跑，一直跑，跑向了一座黑森林……

鸽子大叔继续在说着什么：18 岁……17 岁……16 岁……15 岁……14 岁……13 岁……12 岁……11 岁……10 岁……9 岁……8 岁……阿芙琳只是机械性地回答鸽子大叔的问题，在每个年龄段，她都迅速回忆起一个被遗忘的"快乐"片段，如进入一个狭窄的时光长廊。在这里，未来之门和过去之门全然关闭，她只能停留在长廊的某处壁画前，将视觉、听觉、嗅觉、触觉、味觉完全打开，这时，壁画里的人物开始活动，她"嗖"的一声跃入壁画。

"7 岁"的指令响起，阿芙琳看到与父亲有关的壁画：父亲正在给她念小人书，这是她童年最快乐的事，只是早被遗忘。温馨的床头灯下，父亲在给她念"大熊熊外婆"的故事，小阿芙琳很喜欢这个故事，喜欢憨憨的大熊熊外婆，喜欢傻萌的大熊熊外公。

她正想问父亲大熊熊外婆和大熊星有什么关系，"6 岁"的指令响起，她被拉到"6 岁"的长廊里，随之，进入 6 岁的壁画……

夜空下，柳梢头悬挂着一轮黄灿灿的圆月，父亲背着阿芙琳，在院子里和她一起打松果。打了好大一筐松果，松果似乎永远打不完。阿芙琳想要月亮，说：

"爸爸，我要打月亮！"

"月亮太远了，我们打不着！"

"爸爸，我要月亮，我要你把月亮给我打下来！"

"月亮太大了，爸爸打不动！"

"那你就到月亮里面去打，你飞到月亮里去打它，我要月亮！"

"爸爸如果飞到月亮里，你就见不到爸爸了，你会想爸爸吗？"

"你把月亮打下来了，我就可以见到你啦！"

"好的，你是爸爸的小公主，爸爸什么都可以为你做！有一天你如果找不到爸爸了，那你就知道，爸爸跑到月亮里去了，为了把月亮给你打下来！"

"我是小公主，我是爸爸的小公主！爸爸到月亮里去，你快去呀，你现在就去！"

父女俩嘻嘻哈哈了好长时间，这样的月亮，他们每天都在看，这样的话，他们每天都在说。阿芙琳也渐渐熟悉了天上的星宿，有猎户星，有北斗星，有大熊星……

穿蓝绿格子裙的灰兔跑啊跑啊，跑进一座黑森林，阿芙琳也莫名其妙地进了黑森林。黑森林，像是那困扰了她无数个日日夜夜的抑郁情绪，一旦进去，就被施了魔法，永远困在了里面，这是一座被称为"只进不出"魔法森林。

这里有一棵巨大的空心树，空心树里住了一只叫"公主怨"的怪鸟，得了严重的抑郁症，每天想着轻生。阿芙琳和灰兔找到《月光宝剑》里的主人公仙女伏丽西求助，伏丽西华丽转身，已成为一名心理医生。

在三人的帮助下，公主怨鸟的病情渐渐好转。在这个过程中，阿芙琳总感觉自己和这只公主怨鸟有着某种神秘的联系：是森林偶遇的缘分？还是似曾相识的好感？抑或是同病相怜的情愫？阿芙琳也说不清楚。

后来，她渐渐走进公主怨的心，见到住在她心里的小小、小精灵、阿怪，几人并肩作战，战胜了莫兹女妖和恶魔。令人惊奇的事发生了，当公主怨鸟的黑羽毛全然脱落后，竟然是一个长得和阿芙琳一模一样的女孩。她一天天长大，长成20岁，她不再是将自己幽禁于冰冷宫殿的公主，而是一个降落人间拥有苦乐冷暖的阿芙琳。

这时候，阿芙琳既是"阿芙琳"，又是"公主怨"，她们一起享受日出，享受日落，享受孩子的欢笑，她们当上了森林小学的老师，还收获了青年猎人的爱情。

当阿芙琳把一切都袒露给青年猎人之后，又一件不可思议的事发生了。魔法森林里的那间心理诊所开始土崩瓦解，仙女伏丽西从里面走出来，她一身蝉翼服，面容竟然也和阿芙琳一模一样。她向青年猎人款款走来。

自此之后，魔法森林里的"抑郁症病毒"彻底消失了，就连这座号称"只进不出"的魔法森林，也向外面的世界敞开了大门，游人络绎不绝。

鸽子大叔又重复了一遍问题：

"阿芙琳同学，感觉怎么样？"

阿芙琳想，我该如何讲述我的感觉呢？要不从头讲起，她看了一眼仍在嚼草的灰兔，笑了，她说：

"这只灰兔带着我进入了一片黑森林，是一片魔法森林……"

3.《魔法森林之歌》

心理医生语录

医生、病人哪能严格区分！不如在森林里携手同路，看人生，到底还要经历几度严寒、几度暖春！

车水马龙的喧嚣，如海岸起起落落的波涛，一声声击打孤寂的耳膜，你戴上降噪耳机，用更猛烈的摇滚去阻挡都市的喧闹，却阻挡不了内心的喧嚣。

内心的喧嚣，如海岸起起落落的波涛，一声声击打孤寂的心灵，你该如何阻挡？

一位28岁的女性，名牌大学研究生毕业，刚从上一家单位离职。她穿一身碎花裙子，扎个粉色的蝴蝶结，黑发披肩，戴一对湖蓝色的耳钉，正坐在我的心理咨询室，诉说她父母婚姻的不幸、她童年的孤寂、她在学校遭遇的霸凌、她情感生活的全然空白、她对人际关系的恐惧、她长达15年的抑郁……

四个月的心理咨询之后，她重启了人生。她克服了内心的千难万阻，放下所有被强加的"天之骄女"的光环，勇敢地踏上再次求职之路。她回到自己出生的小城，做了一份自己喜爱的工作，当上一名小学老师。在学校里，她遇到一位很好的男青年，开始了她人生的第一段恋爱。

四个月的光阴，她不仅从折磨自己15年之久的抑郁阴霾里走出来，还立志成为一名心理咨询师，去帮助那些因亲情破裂而自惭形秽的孩子，去抚慰那些因受过欺辱而一蹶不振的孩子，去扶携那些在抑郁的魔法森林做困兽挣扎，最终精力耗竭、自我憎恶、绝望无助、放弃生之念想的灵魂。

最后一次心理咨询，她赠予我一首小诗，题为《魔法森林之歌》：

黑森林
抑郁病毒肆虐
只进不出
你像被施了魔法
眼之所见
尽是绝望的深渊

让我为你解除魔咒
跟着我唱：

这里有善良的森林居民
这里有邪恶的莫兹女妖
这里有抑郁的公主怨鸟
这里有智慧的仙女伏丽西
这里有枯朽的病树
这里有苍翠的古木
这里有愤怒的恶魔
这里有勇敢的精灵
这里有胆怯的小小
这里有阳光的阿芙琳
这里有一身长毛的阿怪
这里有俊朗健硕的猎人

这里有严寒
这里有暖春

每个人都曾迷失于黑森林
心理医生曾是病人
病人也能做心理医生
一念善良，一念邪恶
一念愤怒，一念无惧
一念愧疚羞耻，一念斗志昂扬
一念严寒，一念暖春

善良淳朴的人
曾躲进黑羽衣
俊朗阳光的人
曾被长毛覆盖全身
身在暖春,心是严寒
身在严寒,心是暖春

人生路漫漫
你我皆是同路人
医生、病人哪能严格区分!
不如在森林里携手同路
看人生,到底还要经历几度严寒
几度暖春!

后　记

　　从创作到出版，历经 9 个月，这本小说终于问世了。
　　为了保护来访者的隐私，我给故事穿上了一件美丽的童话"外袍"，这件"外袍"源自我个人的童年经历。
　　童年时，我是一个孤独且耽于幻想的孩子。因无玩伴而孤独，因有阅读不尽的书籍而耽于幻想。7 岁时，父亲送了我一件特别的生日礼物——一套《世界童话名著》（浙江少年儿童出版社），共 8 册，陪伴我度过了最孤独难熬的一段时光。自此，童年孤独的幻梦有了落脚生根之地，书中人物常"跳跃"在我的书桌上，"伫立"在教室的窗台上，"埋伏"在阳台的花盆里，进入我无聊的白日梦，与我一起"发呆"，在我睡觉的枕畔陪我玩"恶作剧"。
　　这套丛书里，令我印象最深的当属法国女作家贝阿特丽·贝克的《月光宝剑》和《"公主怨"鸟》。尤其是《"公主怨"鸟》的故事，让童年的我第一次读就被公主怨鸟那旷日持久的悲伤所吸引，令我身心震撼，一种似曾相识又难以名状的情绪涌入我那不谙世事的心里。一个解不开的谜团一直萦绕心间，身为尊贵的公主，她为什么这般痛苦和悲伤？为什么整座森林都被她的悲伤所感染？这个问题困扰了我的整个童年。那只黑色的、忧伤的公主怨鸟经常出现在我的梦里。当我受挫、委屈时，当我被冷落、忽视时，当我暗自神伤时，似乎总有一对黑色的翅膀在我胸口扑腾，压得我窒息，压得我想向整个世界发出抗议。

与此相反，《月光宝剑》里的主人公仙女伏丽西却是那么美丽、善良、勇敢而智慧，她历经千难万险，战胜莫兹女妖，被置之死地后获得新生，她是我读过的童话故事里最美丽、最勇敢、最智慧的仙女。我从书中临摹她的画像，画成素描放在书桌上，贴在墙上。"仙女伏丽西"一词还常常出现在我"童年派"的诗歌和日记里。

童年的我万万没想到，有朝一日，这些只属于我的私人经验会以这样的方式公之于众，我的幻想再奇特，也没想到我会成为全职心理咨询师和作家。

是的，如果我不做心理咨询师，这些童年往事会永远封存在我的记忆箱底。

当我从事心理咨询工作后，当我听到了一位又一位患有严重抑郁症的来访者讲述他们的故事时，我才如梦方醒：原来，那双一直在我胸口扑腾的黑色翅膀，也顽固地扎根于这些来访者的心上。他们，就是一只只行走在钢筋水泥丛林里的公主怨鸟。心理咨询中，我一次一次地与公主怨鸟们开展工作，看着他们从抑郁的黑森林里走出来，看着魔法森林里"只进不出"的魔咒在他们身上一一解除，我也渐渐摘掉心中的黑翅，与内心的仙女伏丽西重逢。

所以，从这个意义层面来说，这本书不仅书写了公主怨鸟们的蜕变与成长，也书写了伏丽西们的破茧与成蝶。公主怨鸟和伏丽西同生共存，黑暗与光明一体两端，本无区分。一念之间，黑暗可变光明。同时，这本书见证了我的来访者走出黑暗之旅的坎坷与辛酸，也是我自己的一场历经九九八十一难的自度之旅。助人同时自助，肩负黑暗闸水，心向光明之堤。

度人方能自度，此乃心理咨询工作之画龙点睛之笔。

如果要用一句话来描述我写这本书的收获，那就是，无须在外寻求勇敢、智慧和力量，在你我的内心，在公主怨鸟的内心，在伏丽西的内心，就有源源不断的活水之泉，那是代表勇敢、智慧和力量的心性，足以消融你我生命寒冬里所有的坚冰。

2021 年中秋